Scratch少儿趣味编程大讲堂

提高篇

主编　叶向阳　钟嘉鸣
参编　陈　哲　叶尤迅

中国电力出版社
CHINA ELECTRIC POWER PRESS

内 容 提 要

本书内容来自学习Scratch编程的真实教学实践，主要围绕如何设计一个优秀的编程作品展开，全书共9章，每一章都通过一定数量的案例帮助读者理解编程作品设计需要的基本要素，富有趣味性的故事形式使得学习过程更加轻松。

本书需要读者初步了解Scratch，适合有一定编程基础的小朋友提高计算机编程水平，也适合希望辅导孩子进行编程训练的家长和少儿编程培训机构的教师使用。

图书在版编目（CIP）数据

Scratch少儿趣味编程大讲堂．提高篇／叶向阳，钟嘉鸣主编．—北京：中国电力出版社，2020.4

ISBN 978-7-5198-4304-5

Ⅰ．①S… Ⅱ．①叶… ②钟… Ⅲ．①程序设计—少儿读物 Ⅳ．①TP311.1-49

中国版本图书馆CIP数据核字（2020）第025844号

出版发行：中国电力出版社
地　　址：北京市东城区北京站西街19号（邮政编码100005）
网　　址：http://www.cepp.sgcc.com.cn
责任编辑：刘　炽　何佳煜（484241246@qq.com）
责任校对：黄　蓓　常燕昆
责任印制：杨晓东

印　　刷：北京博图彩色印刷有限公司
版　　次：2020年4月第一版
印　　次：2020年4月北京第一次印刷
开　　本：710mm×1000mm　16开本
印　　张：9
字　　数：159千字
定　　价：59.00元

前言 Preface

扫 码 看 视 频

“AlphaGo”“无人机配送”“无人超市”……这些曾经不可想象的事情已经悄无声息地来到我们身边。新一代人工智能正在全球范围内蓬勃兴起，必将深刻地改变人类的生产和生活方式。

未来社会是人工智能的时代，编程再也不是一项专业技能，而是一种基本的生存能力。让孩子从小学编程，掌握编程技能，培养编程思维，为今后的学习、生活和工作打下坚实基础。

本套书一共3册，针对不同年龄段学生的兴趣爱好和认知特点，分为入门篇、提高篇、算法与应用篇，并且在内容编排和呈现形式上都各有侧重。以丰富、有层次的一线教学案例导入，通过浅显易懂的语言，从Scratch最基础的指令认知、操作、理解，到通过灵活运用实现自己的创意，再进行基础算法的学习，使用Scratch编程解决实际问题，为广大初学者、培训机构提供了一套层层递进的、完整的学习方案。

本册为提高篇，每一章都通过精心设计的主题游戏，让孩子在轻松愉悦的环境中激发出求知欲和学习兴趣，养成主动学习的习惯。鼓励孩子收集、创造、筛选大量信息，循序渐进地引导学生突破学习难关，完成自己的创意和作品，在提升学生成就感的同时，潜移默化地形成编程思维，实现独立编写代码的能力，从而培养孩子的逻辑思维能力、空间想象能力和创新能力。

本书所采用的案例均来自贝克少儿编程团队的一线教学实践，通过启发，引导孩子发现问题，提出解决办法，验证尝试修正编程，避免让孩子按部就班的拖拽指令积木。

本套书得以出版，需要感谢钟嘉鸣教授、陈哲老师、叶尤迅老师的团结协作。感谢我的爱人，感谢我的孩子，正是因为他们背后默默支持，才可以安心码字和总结。更要感谢我的学生和家长们，很高兴能和你们一起成长。特别感谢少儿编程界我的朋友：李泽老师、谢声涛老师、刘凤飞老师、邓昌顺老师等，你们的鼓励让我始终没有松懈。

本书提供案例视频讲解、素材及源代码，可通过QQ群：574770628获取。

编者

目录 Contents

第 1 章 套圈

案例描述

套圈是人们在商场、路边等地方经常玩的一个游戏，花几元钱购买十个圈。然后将圈面向奖品扔出去，若套中奖品，那么这个奖品就归你所有。

设计目标

设计一个优秀的作品。

怎么去评估一个 Scratch 作品是否优秀？一般说来，可以从以下几个角度去看。

（1）作品的创意：新颖、有意义、好玩的作品总是让人喜欢。

（2）程序的逻辑：正确、严密的逻辑是一个优秀作品的基础。

（3）良好的用户互动：作品能通过各种方式，如键盘、鼠标、麦克风、摄像头接受来自用户的输入信息，并将反馈信息输出在舞台上，从而和用户建立良好的互用，这是非常必要的。

（4）艺术性：美观的界面和角色、恰到好处的颜色搭配、声音效果会让作品锦上添花。

（5）完整性：有开始界面、结束标志、帮助功能，从而让作品更加丰满。

设计规则

（1）显示开始页面，主角螃蟹播报游戏规则，点击“开始”按钮后开始游戏。

（2）奖品在舞台上方均匀摆放好，若被圈套中，奖品飞到舞台下方指定位置，每个奖品设计 3 个造型，每次点击“绿旗”开始程序都可能看到不同的奖品。

（3）主角螃蟹在舞台下方，它只能左，右水平移动。

（4）按下空格键，圈从螃蟹身上，面向上方发射，发射距离随机。

（5）圈的数量只有 20 个，每发射一个少一个，套中 4 个奖品获得胜利，少于 4 个就输了；胜利了，背景切换为胜利背景，螃蟹切换胜利的造型；输了，背景切换为输了的背景，螃蟹切换输了的造型。

（6）设计一个计时功能。

合理的规则设置是我们编程的基础，也是我们创意编程的策划阶段。

所需角色

（1）需要很多的奖品，我们设置四个奖品。

（2）需要一个主角来扔圈，我们选择一只螃蟹，并把螃蟹颜色改变一下。

（3）圈不能少，自己画一个圈，为了制造“圈”的旋转效果，“圈”有两种造型（需自行绘制）。

（4）需要三个背景，分别是：

工作背景：自己画一个简单的背景，就一条红线，螃蟹不能越过红线；

胜利背景：把工作背景复制一个，然后用“文本”工具，添加上“you win”字样；

失败背景：把胜利背景复制一个，然后将“you win”修改为“you lost”。

所需变量

根据规则，需要创建一个“圈的数量”变量，用来记录还剩下几个圈，一个“套中数量”变量，用来记录套中物品数量；一个“用时”变量，用来记录游戏花费的时间，在创建变量的时候，变量名的定义应该让其他人看上去一目了然，需要遵守如下规则：

（1）变量的名称在 Scratch 编程中，可以采用恰当的中文，反映变量的实际含义。

（2）建议采用字母开头的变量（大、小写均可）加数字的形式，如 x1,a1,b1,x2 等。

（3）不使用数字作为变量名称，如“1”“123”。

（4）不使用特殊符号用作“变量”名称，如“%%@@@”“---&……%”等。

一个作品或者一个游戏，往往有很多状态，如一个游戏，简单的可以分为三种状态：① 游戏开始前；② 游戏进行中；③ 游戏结束。

那么，编程的过程中，我们怎么区别这三种状态呢？答案是：使用“变量”

在这个作品中，我们需要创建一个名称为“游戏状态”的变量。

其中，游戏状态 =0 表示游戏开始前；游戏状态 =1 表示游戏进行中；游戏状态 =2 表示游戏结束。

作品界面图

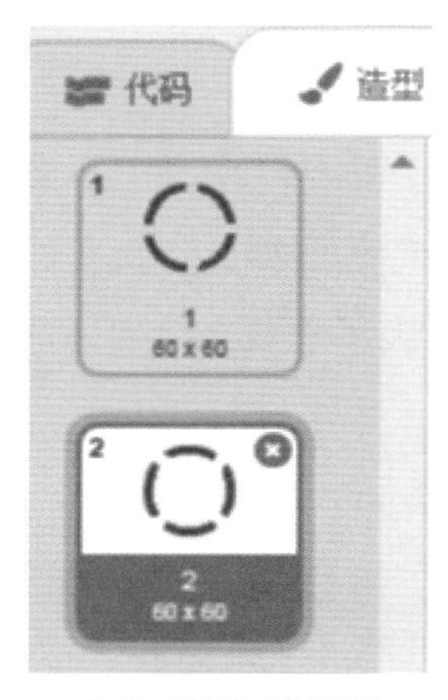

角色“圈”造型图

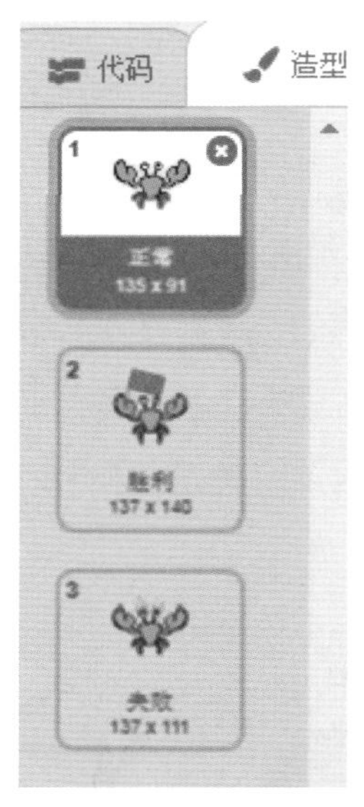

角色“螃蟹”造型图

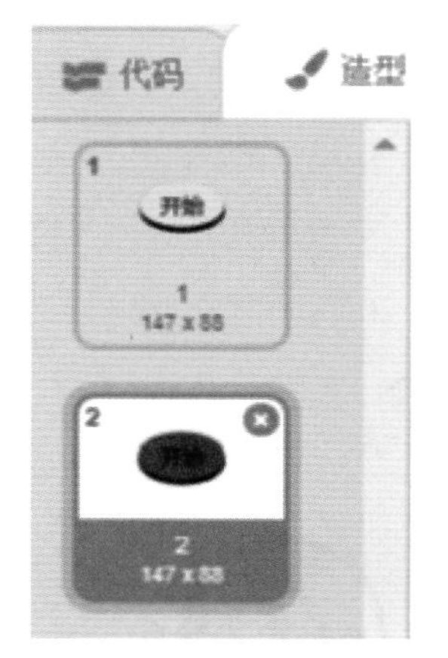

角色“开始按钮”的造型图

1. 初始化

我们按照从易到难的思路来设计，首先，对所有角色和变量进行“初始化”。

角色的初始化：当绿旗被点击时，角色的状态设置，包括但不限于：位置、大小、造型、方向、是否可见等。

变量的初始化：当绿旗被单击时，变量是否显示，变量的初始值是多少。

初始化很重要，大家要养成这一良好的编程习惯。

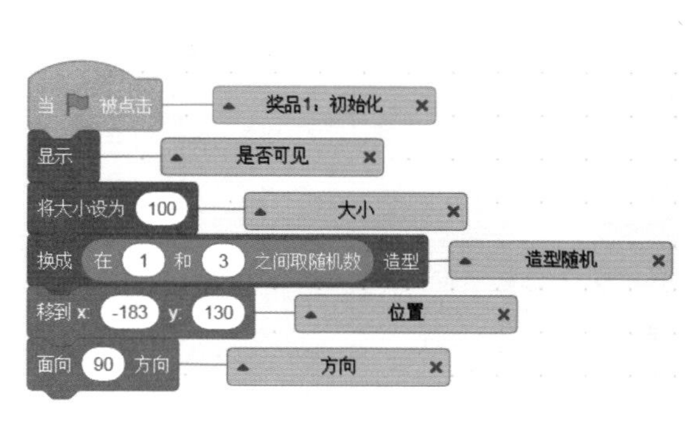

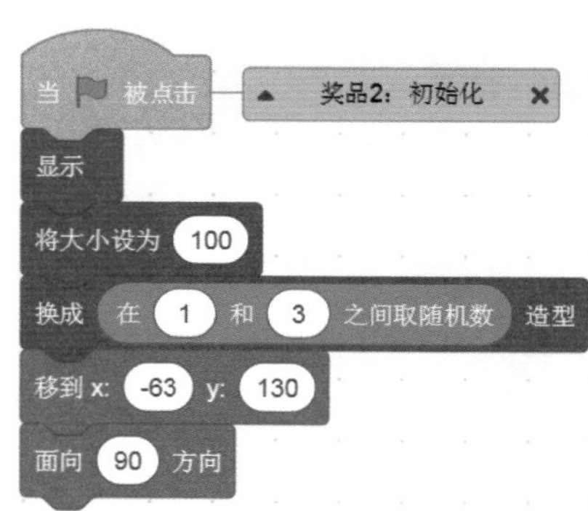

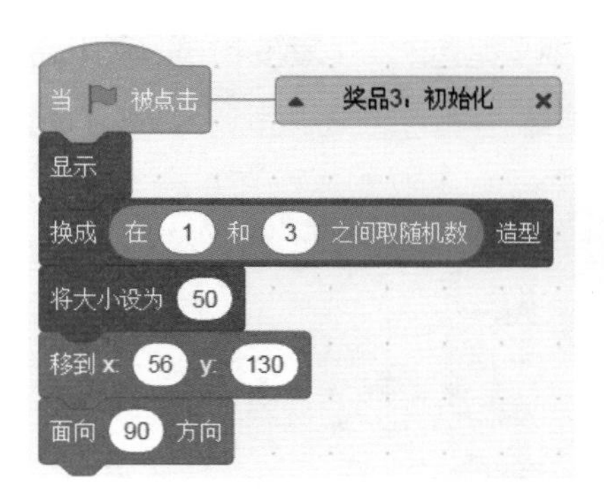

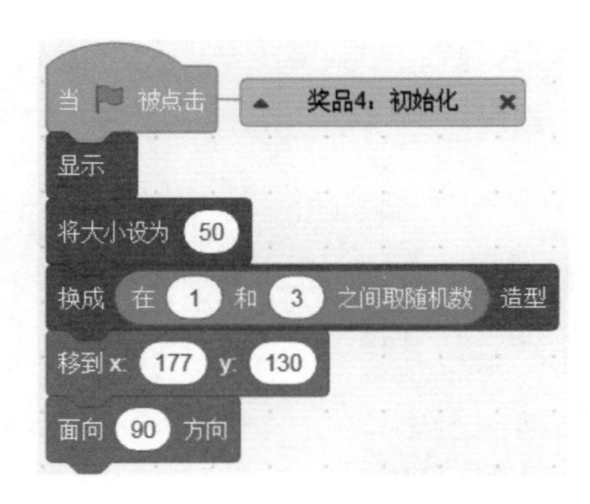

以上是四个奖品角色的初始化：

（1）y 坐标都设置为 130，保证每个角色“纵向”位置一样。

（2）方向都是面向 90 方向，在这个案例中，初始化方向面向 90 意义不大，但是方向是一个角色非常重要的属性，我们还是按照一个好的编程习惯来设计。

（3）每个奖品都有 3 个造型，这里采用了随机数，每次单击绿旗，奖品外观都可能改变，让作品更有意思。

（4）“显示”积木在这里好像也意义不大，因为角色默认就是显示的，那为什么要有呢？同样也是遵守一个好的编程习惯。

01 圈的初始化，刚开始是不可见的。

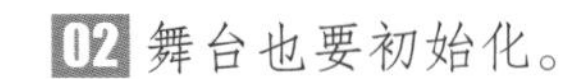

02 舞台也要初始化。

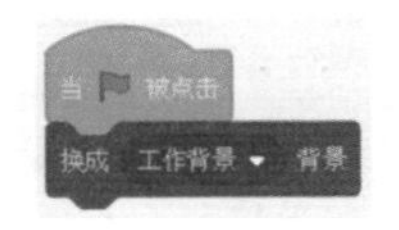

03 标题的初始化。

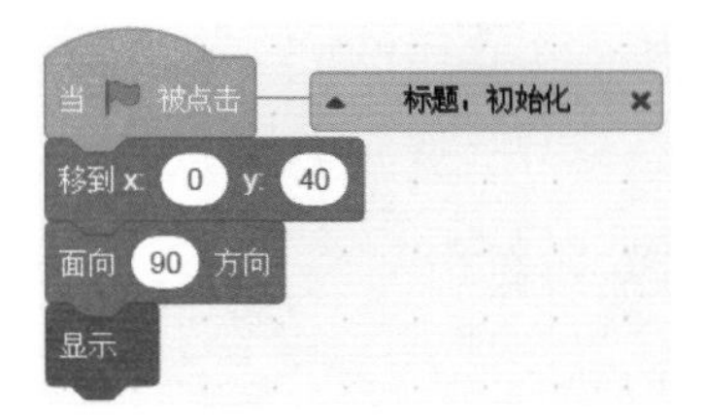

04 开始按钮的初始化。

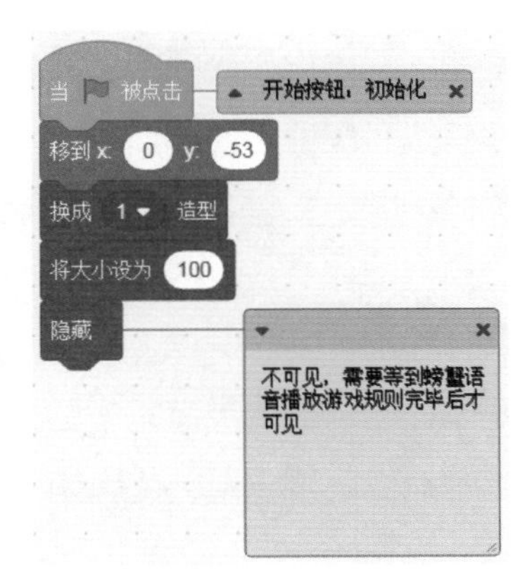

这里，我们将变量的初始化都放在角色螃蟹里面，全局变量的初始化是可以放在任意角色或者舞台的，一般放在舞台或者主角的代码里面。

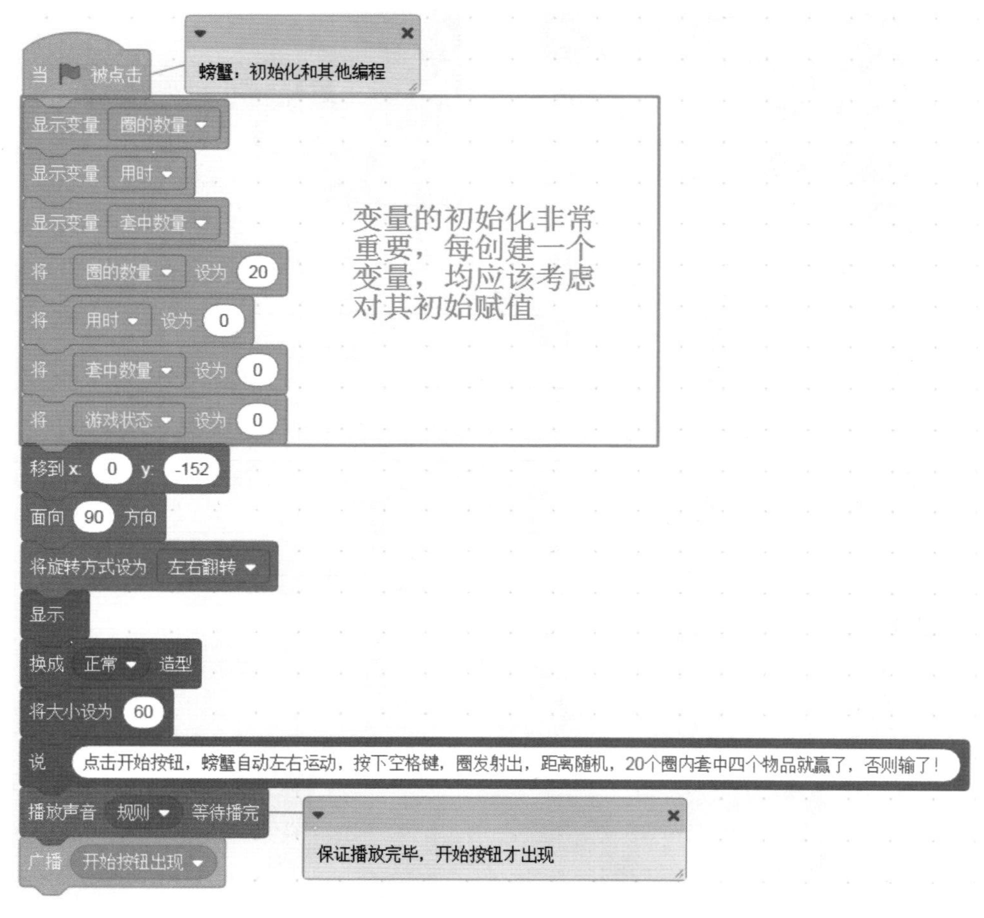

螃蟹的初始化

变量的初始化是必须的，建议将所有变量的初始化都放在一个角色里面，这样方便修改和保证不遗漏。

初始化完毕，接下来按照案例的运行流程来逐一编程。

2. 准备开始

螃蟹在语音播放声音完毕后，发送一个“开始按钮出现”消息，开始按钮接收到这个消息后才出现，代码如下：

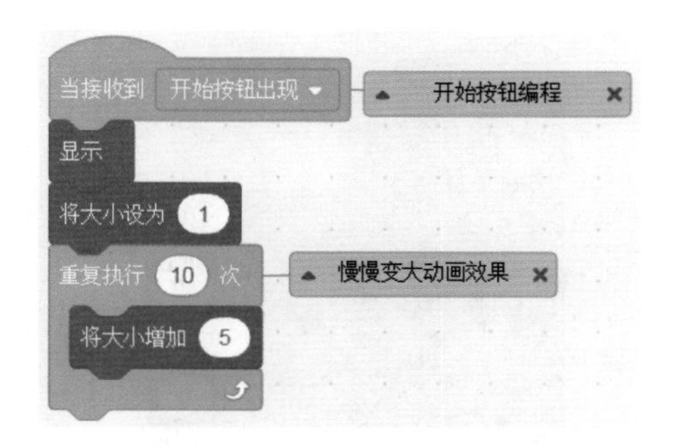

3. 开始进入游戏状态

单击“开始按钮”，广播“开始游戏”消息来通知所有的角色要进入游戏状态了，同时开始播放一个背景音乐。

当开始按钮碰到鼠标时，采用了切换造型的方式来提醒用户，也可以采用改变颜色的方式，代码如下：

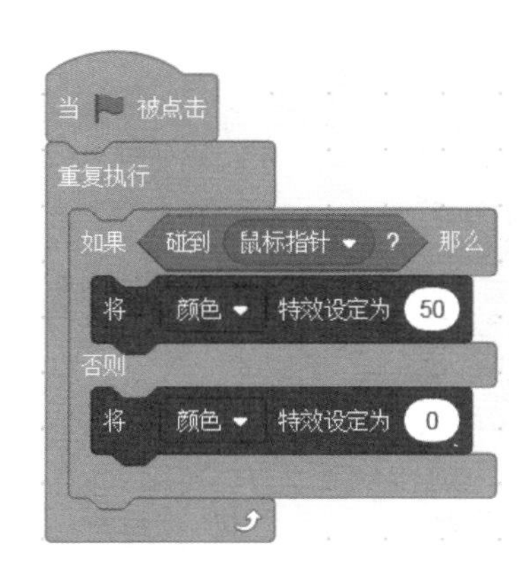

4. 开始游戏

所有的角色均收到了“开始游戏”消息，下面一一编程：

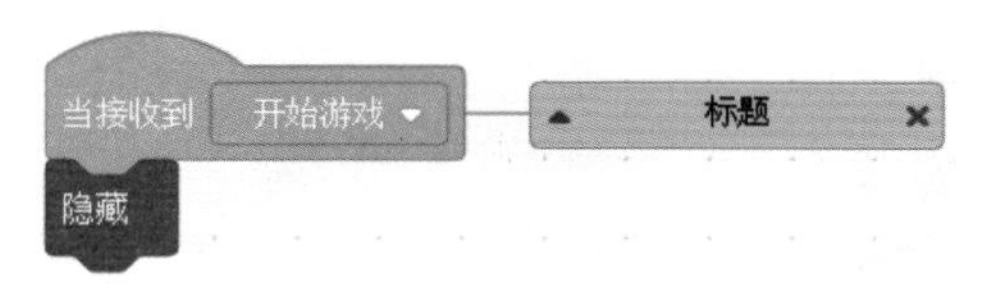

标题的代码

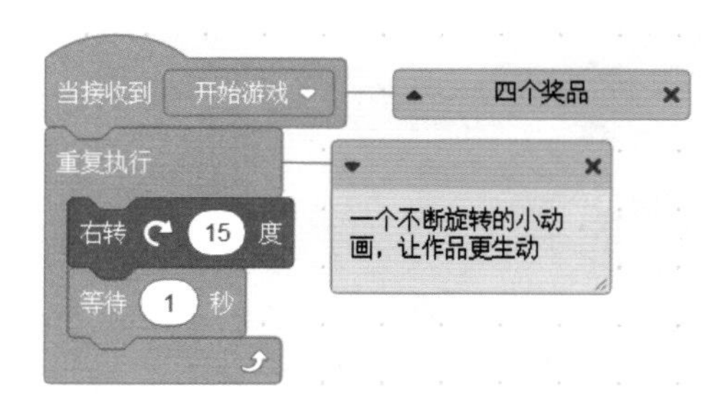

每一个奖品都会收到“开始游戏”消息，都要进行以上编程。

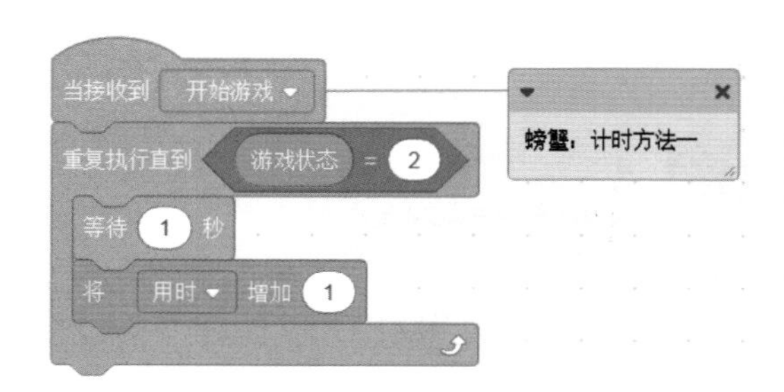

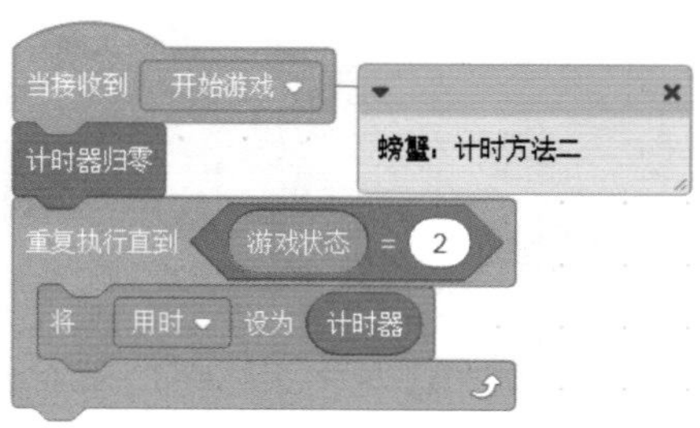

以上两段代码是对螃蟹编程，来实现计时功能的两种方法。

游戏状态 =2，表示游戏结束了，计时自然也要终止。

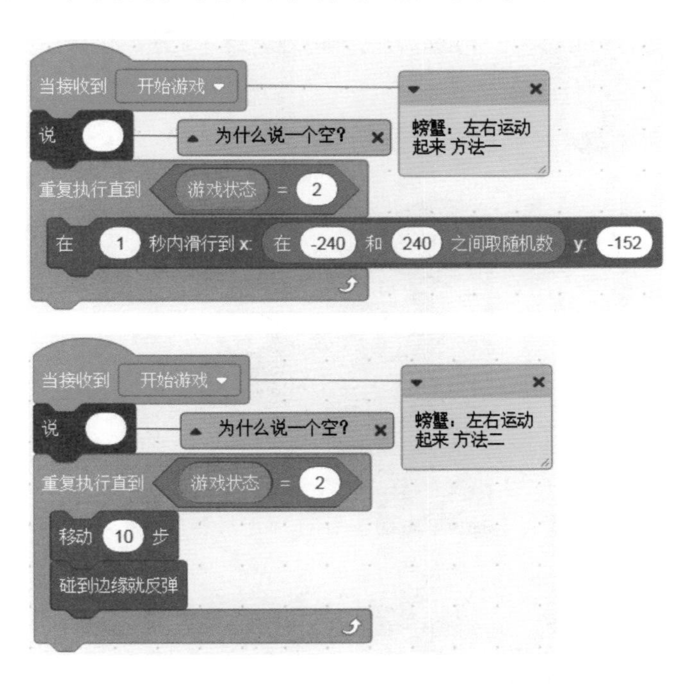

以上两段代码是对螃蟹编程，来实现螃蟹左右运动的两种方法。第一种是变速左右运动，第二种是匀速左右运动，可以根据自己的喜好使用其中的一种方法。

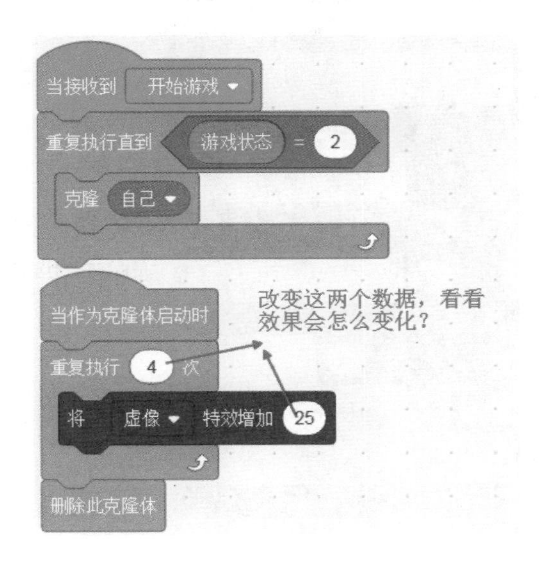

以上是对螃蟹的编程，接收到了“开始游戏”消息后，螃蟹不断地克隆自己，克隆体产生后，每一个克隆体都将自己的虚像特效增效 25，重复 4 次，然后删除本克隆体，这样可以实现一个运动幻影特效，这个特效可以灵活运用于很多角色的运动场景。

还可以变异如下：

```
当作为克隆体启动时
重复执行 10 次
    将 虚像 特效增加 10
    将 像素化 特效增加 10
    将大小增加 -5
删除此克隆体
```

效果将有所变化：

```
当接收到 开始游戏                              [圈：发射]
重复执行
    如果 <按下 空格 键?> 与 <(游戏状态) = 1> 那么
        显示
        移到 主角螃蟹                          [从螃蟹身上发射]
        播放声音 zoop
        重复执行 (在 20 和 30 之间取随机数) 次  [随机数来控制发射距离]
            将y坐标增加 10
        将 圈的数量 增加 -1
        等待 0.1 秒
        隐藏
```

以上是圈收到“开始游戏”消息的代码。

（1）只有在按下空格键和游戏状态 =1，这两个条件均成立的时候，才能发射。

（2）用随机数来控制距离，随机数的运用能让作品变得有趣且形式多样，在不同的作品中，通过让角色的大小随机、造型随机、位置随机、方向随机等，给作品带来了各种变化，而让用户有一种“动”的感觉，我们在编程中需要好好利用这一特性。

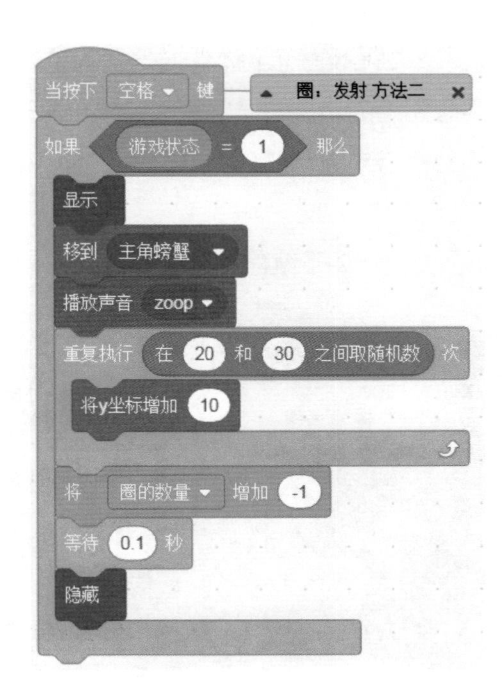

以上代码也可以实现圈发射同样的功能。

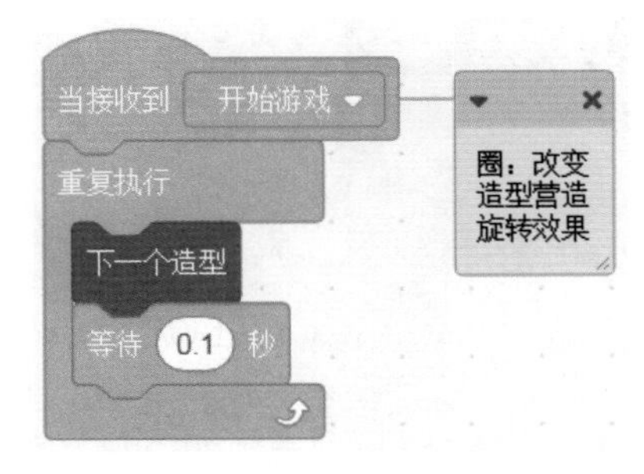

通过改变造型，来实现“圈”发射后的旋转效果。

5. 被圈套中后

下面对奖品编程，解决奖品“若被圈套中，就飞到舞台下方指定位置”的问题。

这里，怎么判断是否被圈套中呢？

我们可以考虑这两种方式：

第一种：碰到 圈 ? 。

第二种：到 圈 的距离 < 30 。

第一种判断方式，只要物品被圈碰到就认为是套中了；第二种判断方式，就是要判断奖品的造型中心和圈的造型中心的距离，小于某一个值就认为套中了，经过测试，发现第二种判断方式更合理，调整这个数据还可以调整游戏的难度，数据越小，难度越大。

所以每一个奖品都需要进行如下编程：

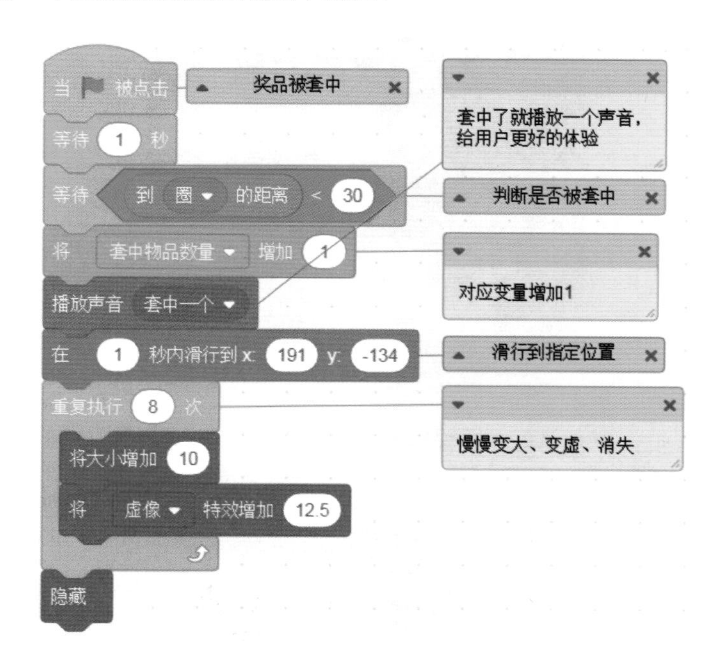

6. 判断输赢

对背景编程，判断输赢。输赢的判断，一般会放在背景里面。

对于一个完整的作品，应该有结束的标志，而这个作品，需要判断输赢来结束。

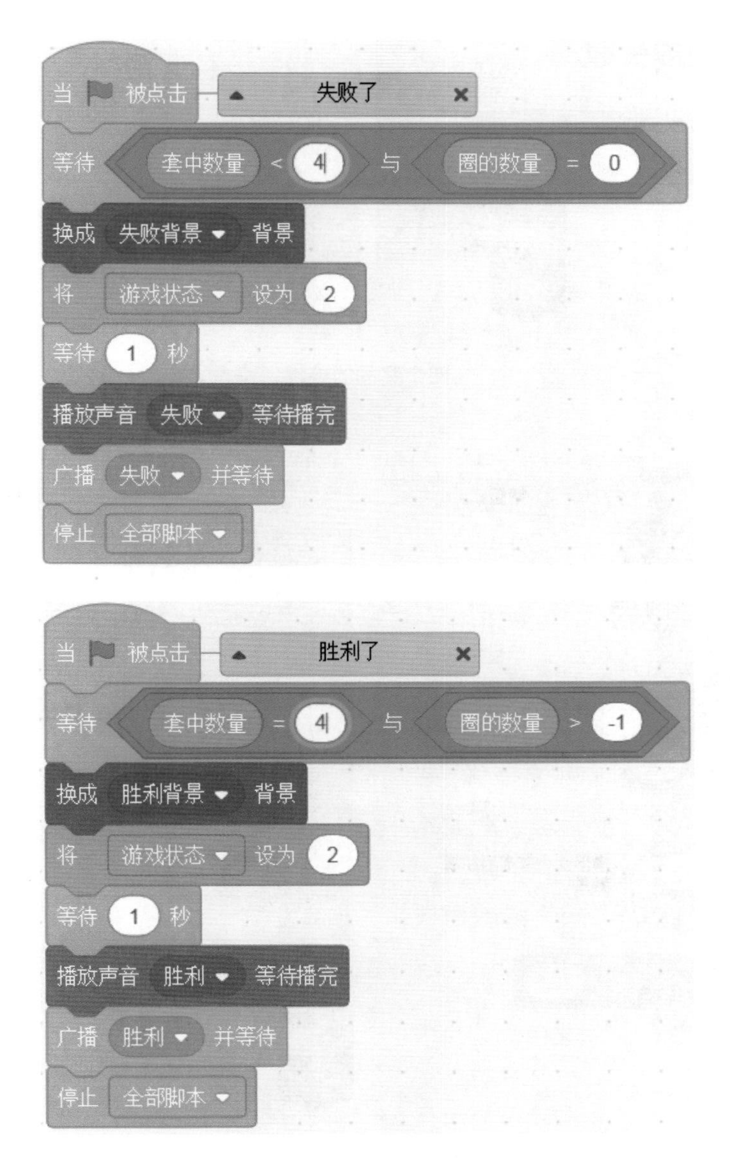

（1）当圈的数量等于 0，同时套中数量小于 4，我们认定为输了，当套中数量等于 4 且圈的数量大于 –1，我们认定为赢了。

（2）赢了或输了，一般都要广播一个消息，来通知其他角色做出各种响应，然后再停止全部。

（3）因为游戏结束了，所以游戏状态需要修改为 2。

7. 胜利或失败

各种角色收到“胜利”“失败”消息，进行编程。

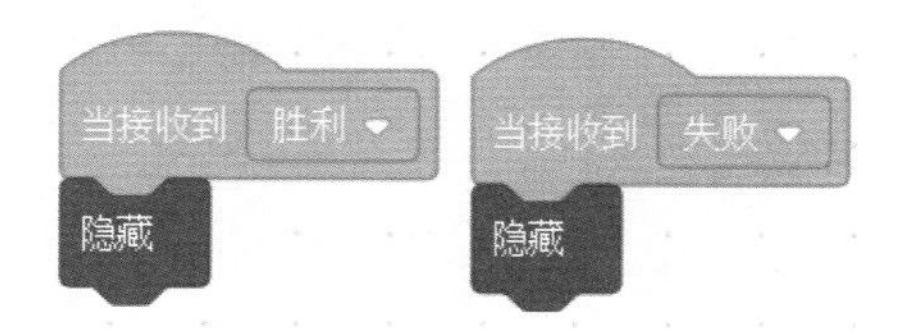

四个奖品的编程

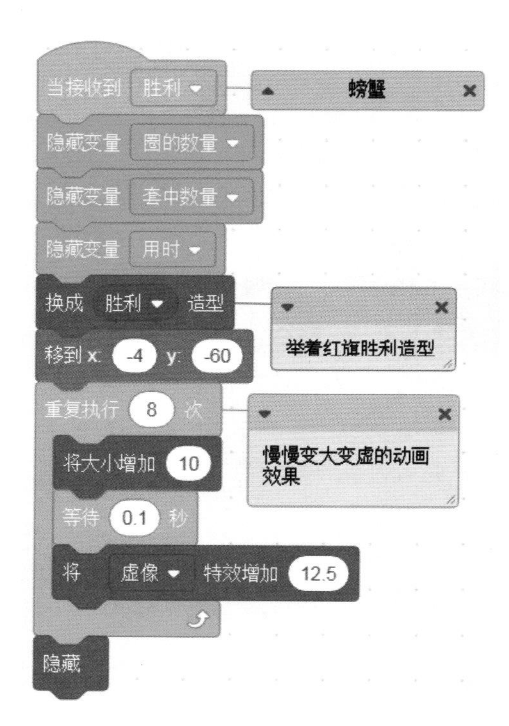

螃蟹胜利了

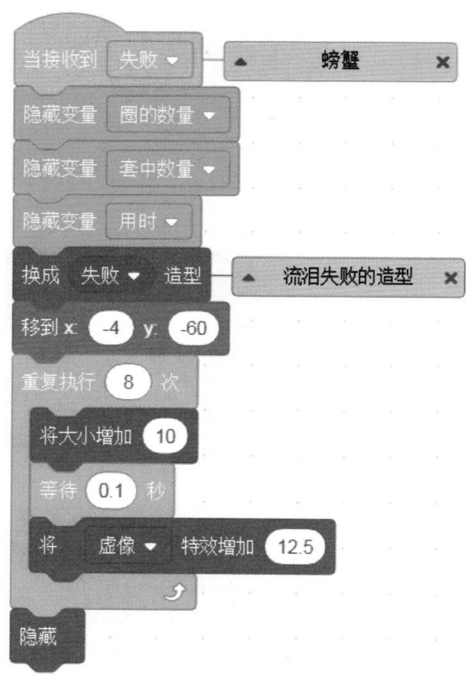

螃蟹失败了

完整代码如下：

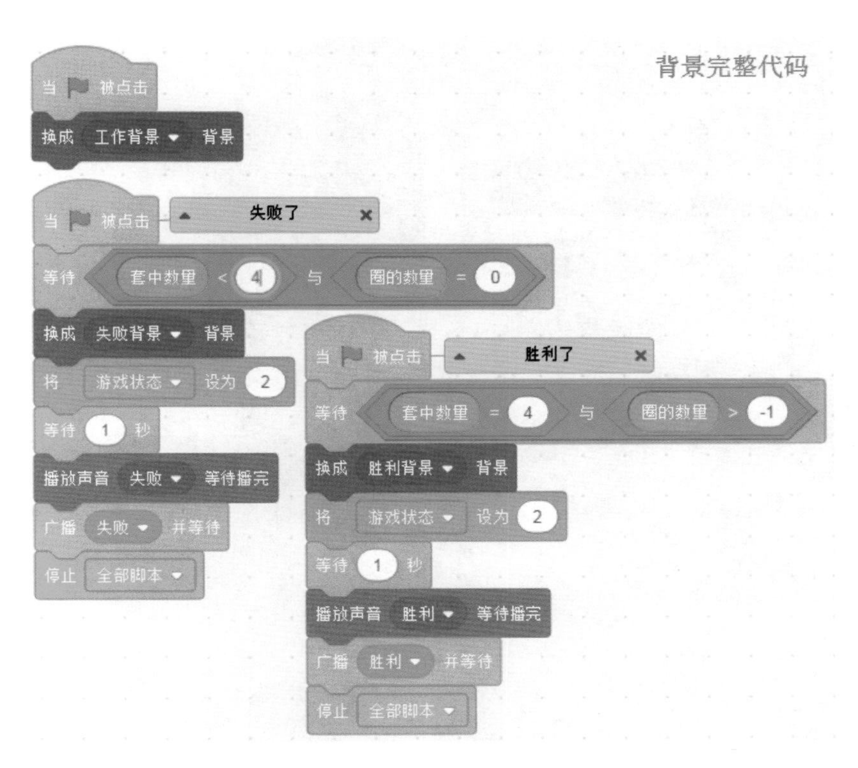
背景完整代码
当 被点击
换成 工作背景 背景
当 被点击
失败了
等待 套中数量 < 4 与 圈的数量 = 0
换成 失败背景 背景
将 游戏状态 设为 2
等待 1 秒
播放声音 失败 等待播完
广播 失败 并等待
停止 全部脚本
当 被点击
胜利了
等待 套中数量 = 4 与 圈的数量 > -1
换成 胜利背景 背景
将 游戏状态 设为 2
等待 1 秒
播放声音 胜利 等待播完
广播 胜利 并等待
停止 全部脚本

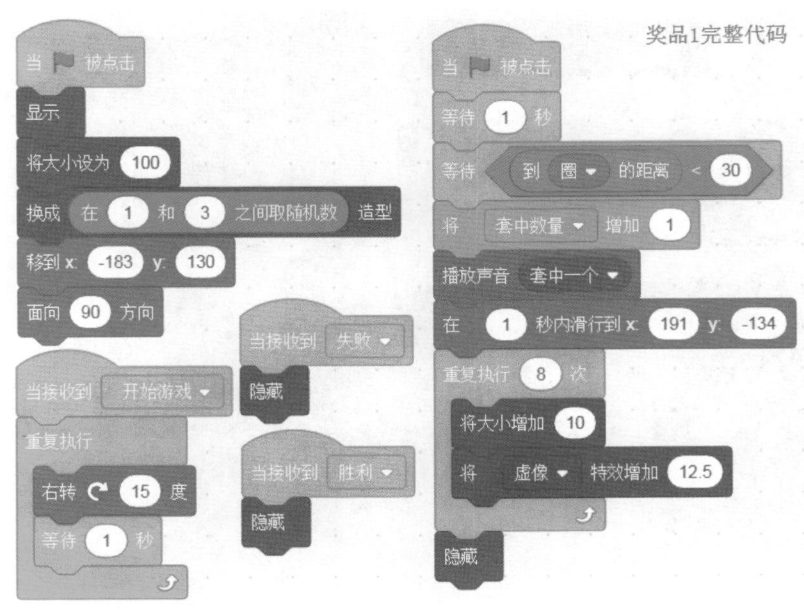
奖品1完整代码
当 被点击
显示
将大小设为 100
换成 在 1 和 3 之间取随机数 造型
移到 x: -183 y: 130
面向 90 方向
当接收到 开始游戏
重复执行
右转 15 度
等待 1 秒
当接收到 失败
隐藏
当接收到 胜利
隐藏
当 被点击
等待 1 秒
等待 到 圈 的距离 < 30
将 套中数量 增加 1
播放声音 套中一个
在 1 秒内滑行到 x: 191 y: -134
重复执行 8 次
将大小增加 10
将 虚像 特效增加 12.5
隐藏

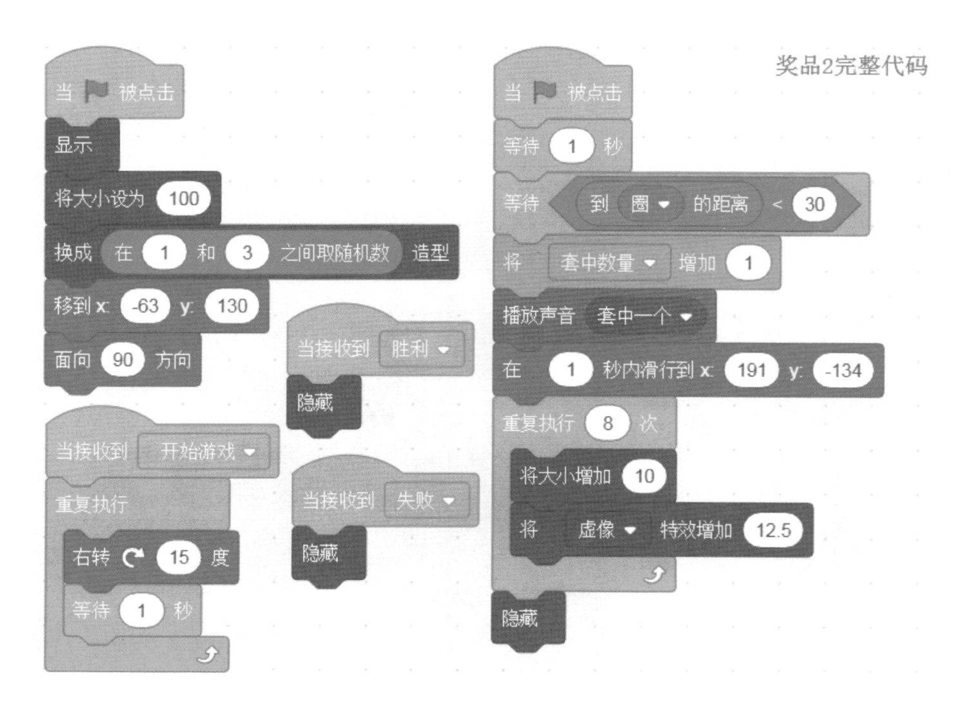

奖品2完整代码

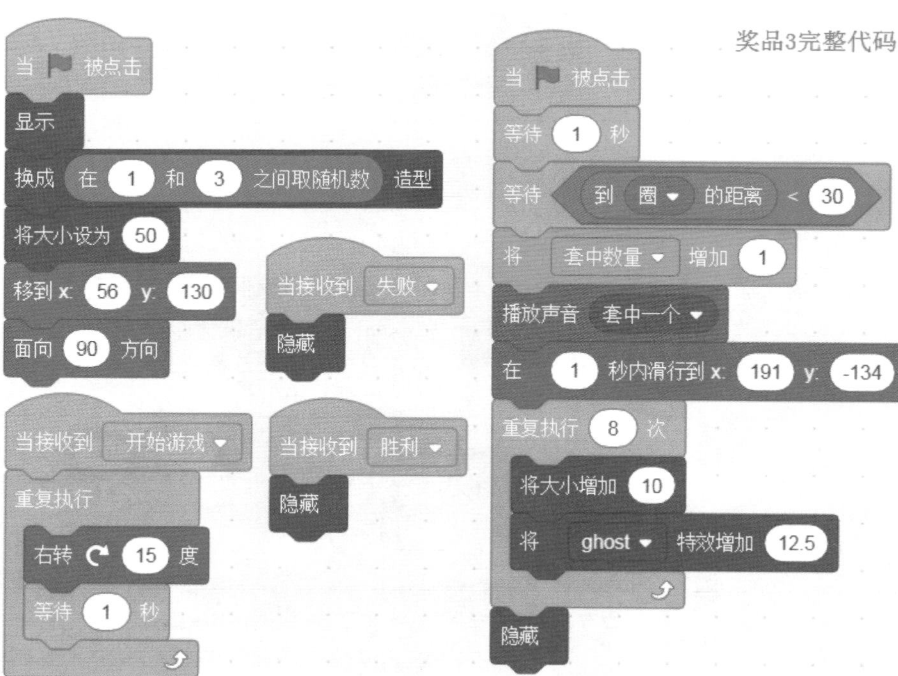

奖品3完整代码

奖品4完整代码

```
当 🏁 被点击
显示
将大小设为 50
换成 在 1 和 3 之间取随机数 造型
移到 x: 177 y: 130
面向 90 方向

当接收到 开始游戏
重复执行
  右转 ↻ 15 度
  等待 1 秒

当接收到 胜利
隐藏

当接收到 失败
隐藏

当 🏁 被点击
等待 1 秒
等待 <到 圈 的距离 < 30>
将 套中数量 增加 1
播放声音 套中一个
在 1 秒内滑行到 x: 191 y: -134
重复执行 8 次
  将大小增加 10
  将 虚像 特效增加 12.5
隐藏
```

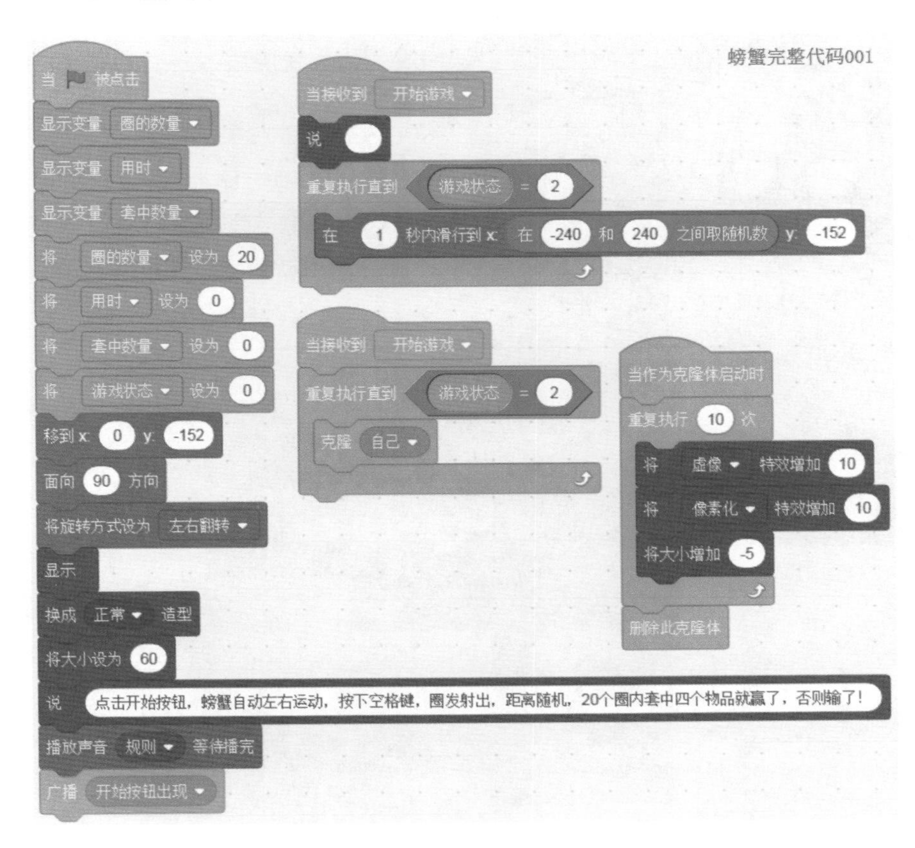

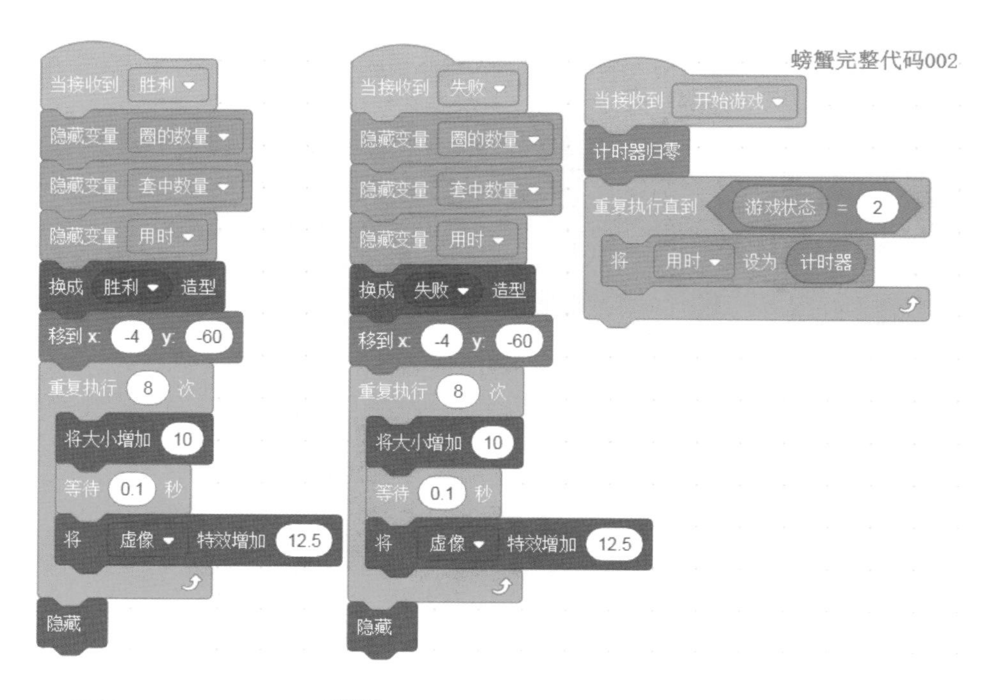

螃蟹完整代码002

```
当 ⚑ 被点击
移到 x: 0 y: 0
隐藏

当接收到 开始游戏
重复执行
    下一个造型
    等待 0.1 秒

当接收到 开始游戏
重复执行
    如果 <<按下 空格 键?> 与 <游戏状态 = 1>> 那么
        显示
        移到 主角螃蟹
        播放声音 zoop
        重复执行 (在 20 和 30 之间取随机数) 次
            将y坐标增加 10
        将 圈的数量 增加 -1
        等待 0.1 秒
        隐藏
```

圈的完整代码

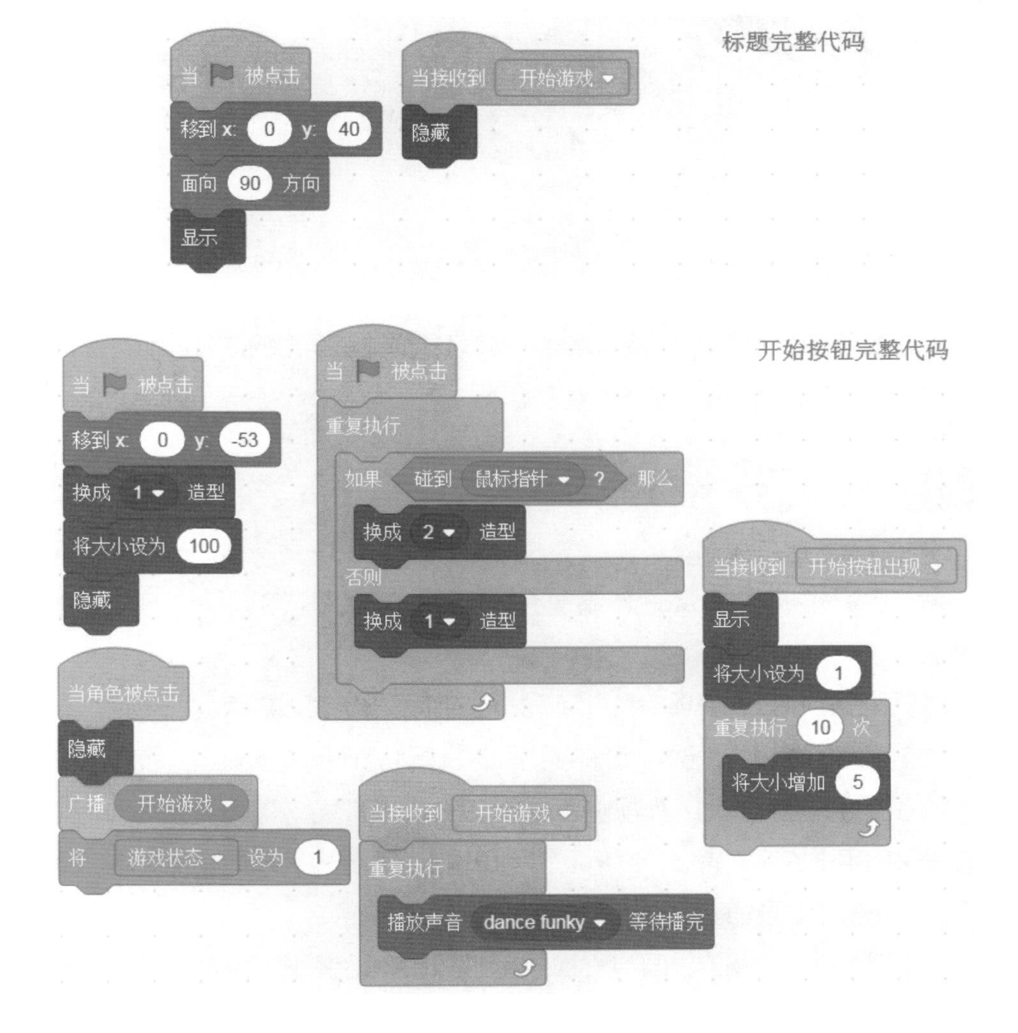
标题完整代码
当 被点击
移到 x: 0 y: 40
面向 90 方向
显示
当接收到 开始游戏
隐藏
开始按钮完整代码
当 被点击
移到 x: 0 y: -53
换成 1 造型
将大小设为 100
隐藏
当 被点击
重复执行
如果 碰到 鼠标指针 ? 那么
换成 2 造型
否则
换成 1 造型
当接收到 开始按钮出现
显示
将大小设为 1
重复执行 10 次
将大小增加 5
当角色被点击
隐藏
广播 开始游戏
将 游戏状态 设为 1
当接收到 开始游戏
重复执行
播放声音 dance funky 等待播完

第 2 章 二人足球

案例描述

足球被誉为“世界第一运动”，是全球体育界最具影响力的体育运动之一，“二人足球”就是只有两人在场上进行比赛。

设计目标

设计一个优秀的作品。

怎么去评估一个 Scratch 作品是否优秀？一般说来，可以从以下几个角度去看。

（1）作品的创意：新颖、有意义、好玩的作品总是讨人喜欢。

（2）程序的逻辑：正确、严密的逻辑是一个优秀作品的基础。

（3）良好的用户互动：作品能通过各种方式，如键盘、鼠标、麦克风、摄像头接受来自用户的输入信息，并将反馈信息输出在舞台上，从而和用户建立良好的互用，是非常必要的。

（4）艺术性：美观的界面和角色、恰到好处的颜色搭配、声音效果会让作品锦上添花。

（5）完整性：有开始界面、结束标志、帮助功能让作品显得丰满。

案例规则

（1）红方一名球员，蓝方一名球员，键盘控制球员上下左右运动，球员不能越过中线。

（2）一个球，球若碰到球员，球就会向对方球门方向飞去，碰到边缘就反弹，球的速度会慢慢变小，最终停止。

（3）球进入球门区域，就认为进球了，然后重新开球。

（4）90 秒时间到，哪方进球多哪方就胜利了。

所需角色

（1）6 个不同的背景，分别是“足球场”“红队进球”“蓝队进球”“红队胜利”“蓝队胜利”“平局”。

（2）球。

（3）红方足球员，两个造型。

（4）蓝方足球员，两个造型。

（5）“二人足球”的标题。

（6）“开始”按钮。

（7）“帮助”按钮：查看游戏规则。

（8）“声音”按钮：控制是否播放背景音乐。

所需变量

（1）红方得分：刚开始为 0，每进一球得一分，对方乌龙球也计算在内。

（2）蓝方得分：刚开始为 0，每进一球得一分，对方乌龙球也计算在内。

（3）计时：点击“开始”按钮后开始计时。

（4）速度：当球员碰到球时，球的速度最大，然后要慢慢变小，最终停止。

案例界面

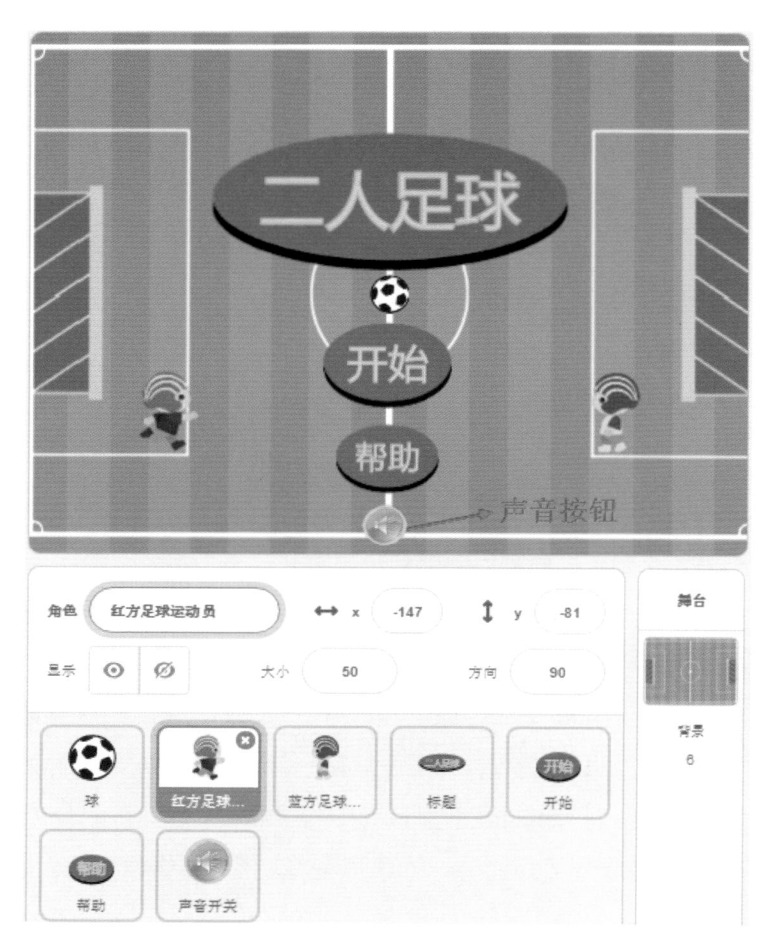

声音按钮造型图

开始编程

1. 初始化

初始化就是绿旗被单击时，背景、各个角色、各个变量的初始状态。

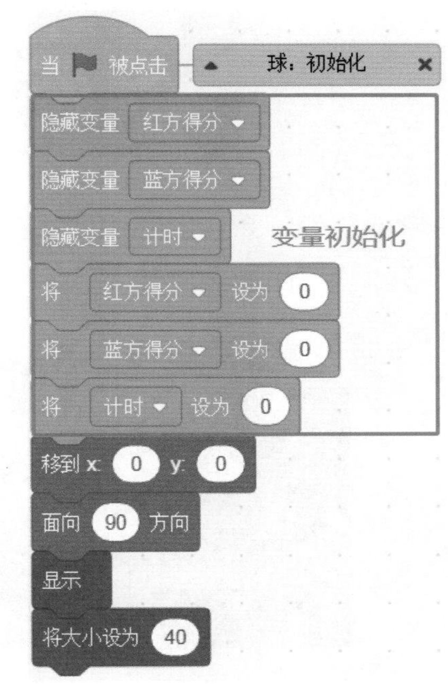

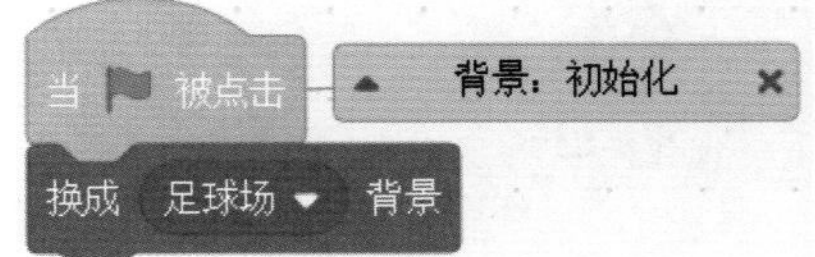

一般，我们将变量的初始化都放在主角的代码里面，方便管理。

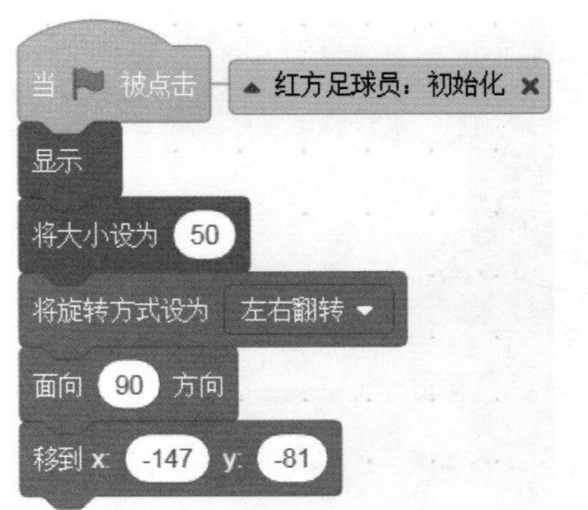

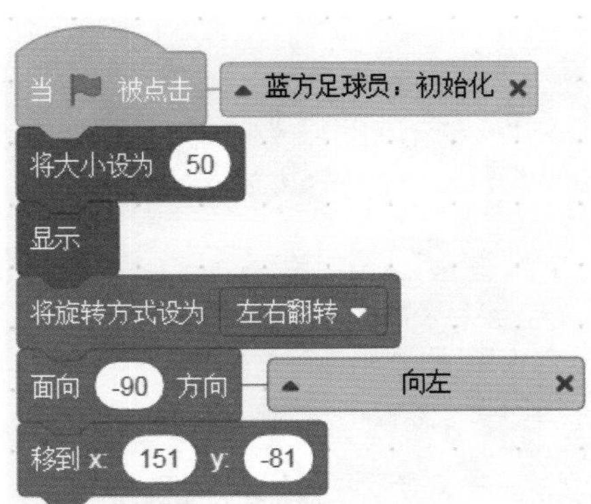

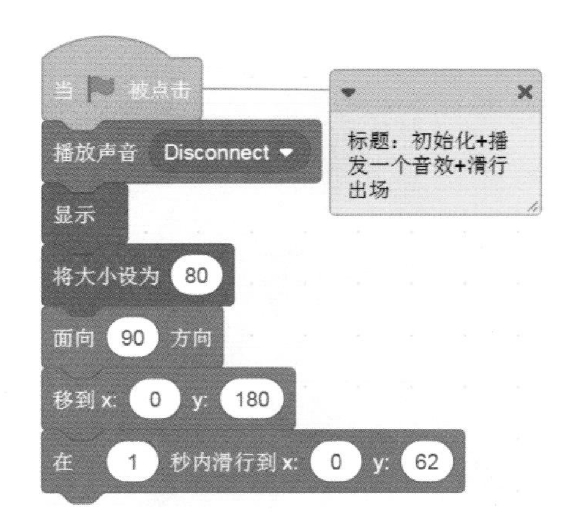

出场效果：有一个小音效，加上一些小动画，如滑行、大小改变或者如下外观改变，会让作品锦上添花。

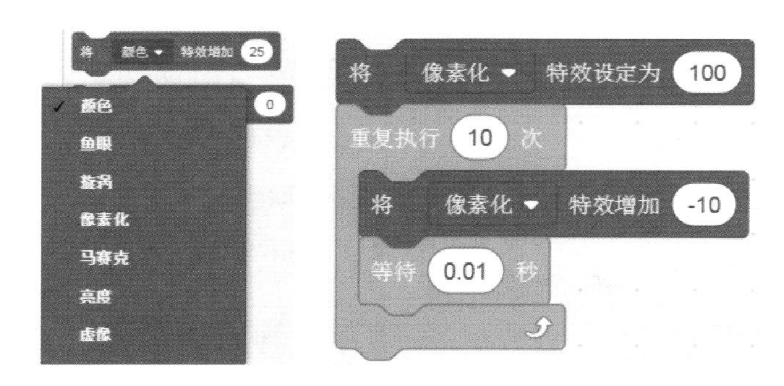

像素化特效：先设定为 100，然后用一个循环增加 –100，这样会产生一个好看的特效。

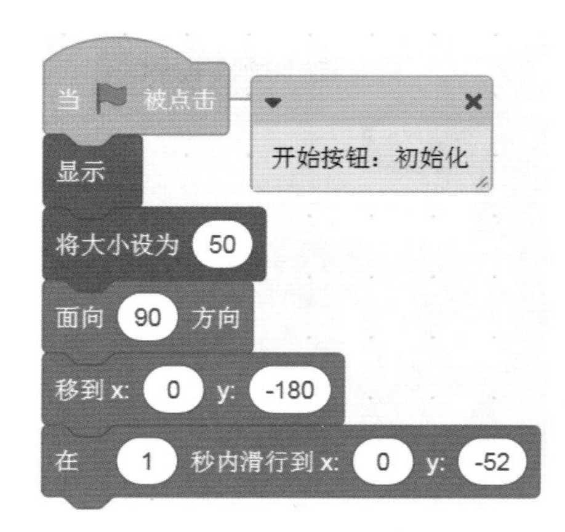

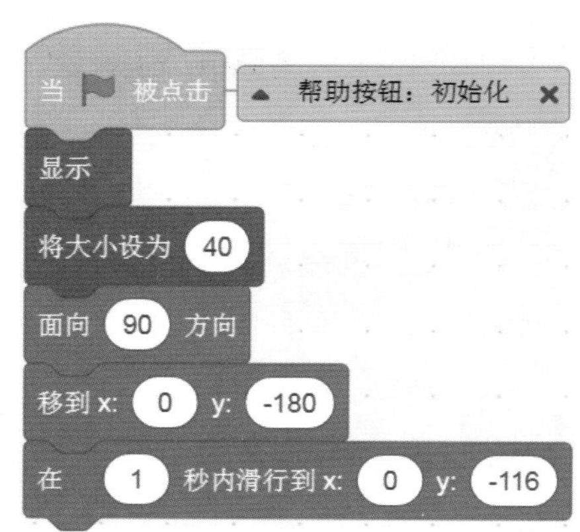

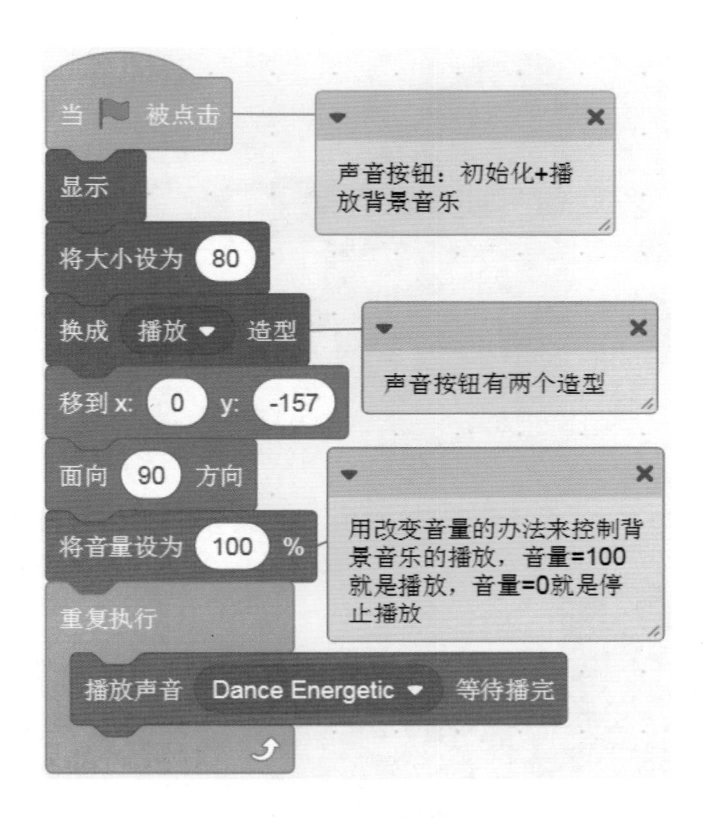

初始化完毕，接下来按照案例的运行流程来逐一编程。

2. 声音按钮编程

当绿旗被单击时，声音按钮的造型是“播放”，同时播放背景音乐，当按钮被点击时，会切换为下一个造型，同时背影音乐的音量也会在 100 和 0 这两种状态之间切换。

单击切换造型

```
当 🏴 被点击
重复执行
  如果 <(造型 编号) = 1> 那么
    将音量设为 100 %
  否则
    将音量设为 0 %
```

造型编号为 1 时，将音量设定为 100，造型编号为 2 时，将音量设定为 0。

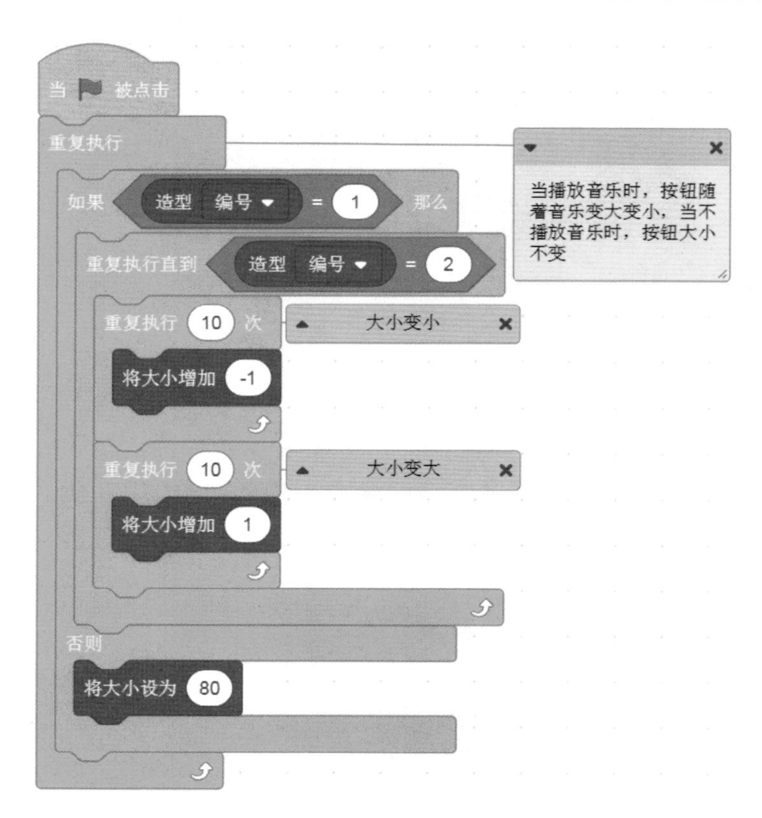

当背景音乐在播放时，如果声音按钮能动态地变大变小，这是一个不错的效果，这个效果经常在很多动画作品中可见。

3. 开始按钮编程

点击“开始按钮”，广播“开球”消息，各个角色均收到“开球”消息并各司其职，游戏才开始，按照案例运行流程，我们需要先对“开始”按钮编程。

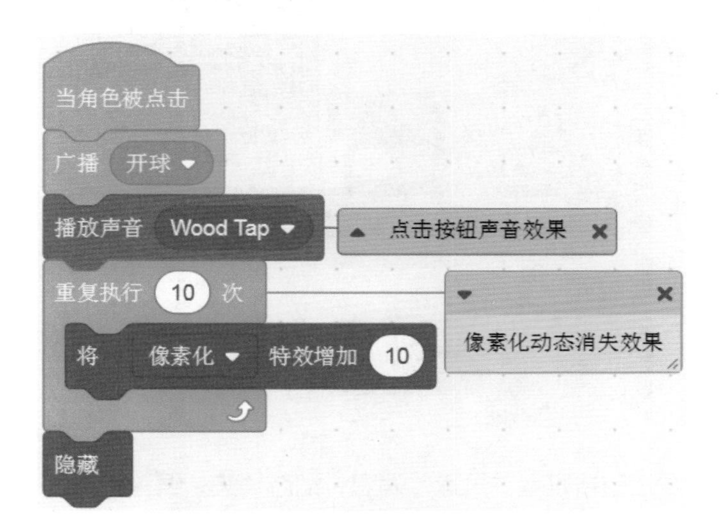

当“开始”按钮被点击的时候，各个变量需要显示，同时要开始计时，所以需要编程如右图所示。

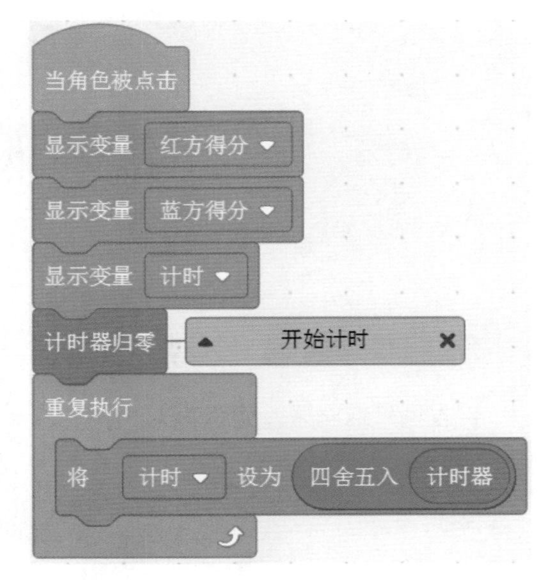

4. 帮助按钮编程

一个完整的作品，必须有帮助功能，让用户了解作品的功能和使用方法！

本案例采用鼠标碰到“帮助”按钮，“帮助”按钮就会自动说出作品的功能和使用方法，鼠标离开，说话内容消失。

编程如下：

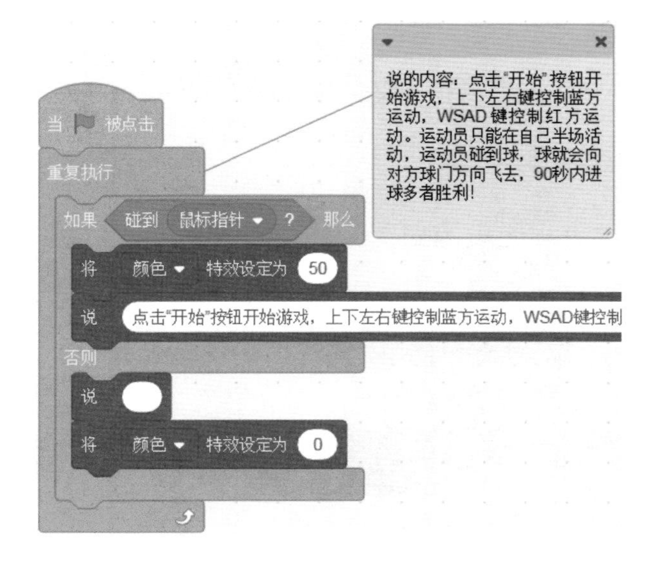

当"帮助"按钮接收到"开球"消息，动态消失，编程如下：

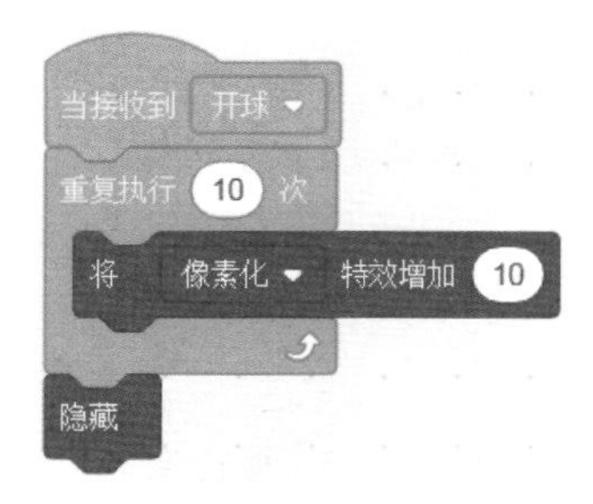

5. 标题接收到"开球"消息

接收到开球消息，动态消失。

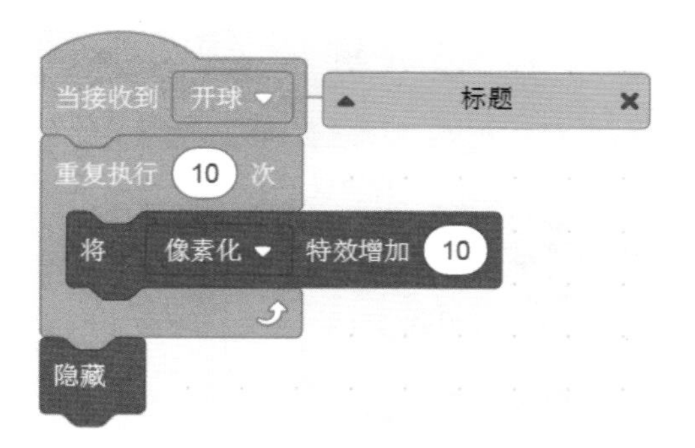

6. 红方运动员接收到“开球”消息

接收到开球的消息后，根据规则，按下对应键控制运动员移动，这是一个非常普通的编程方法，代码如下：

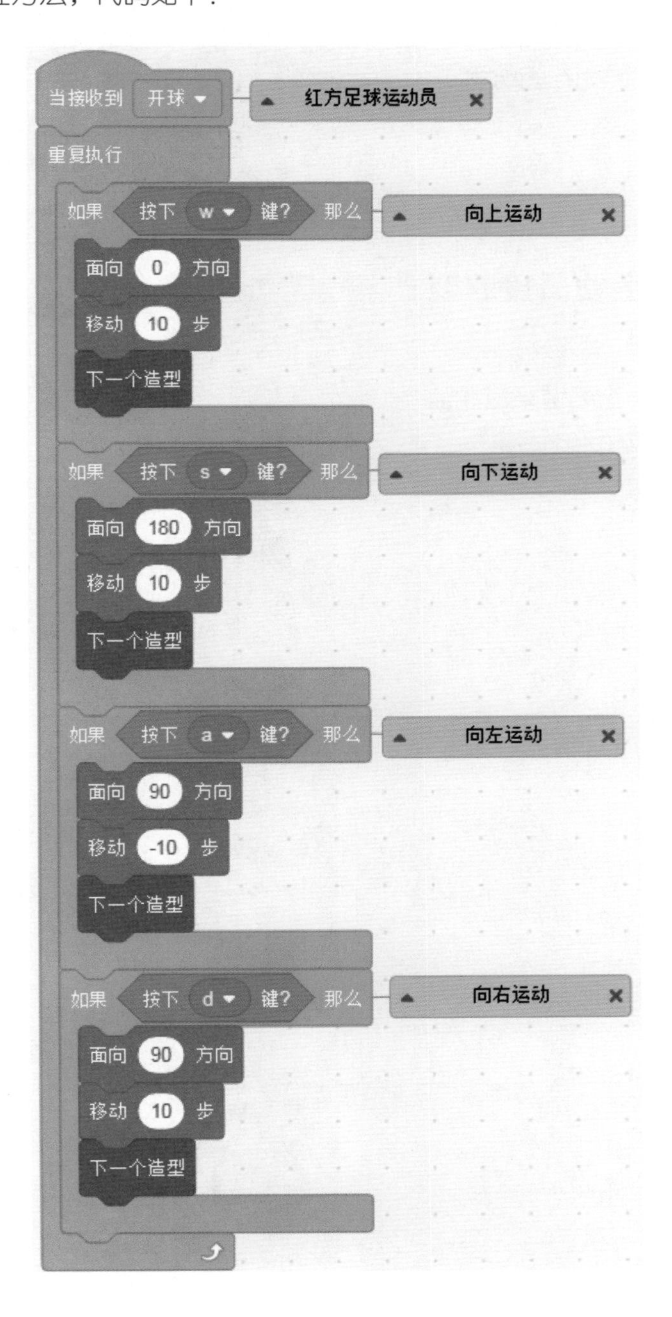

红方运动员在左边，不能越过中线，中线的 x 坐标是 0，也就是说假设红方运动员的 x 坐标大于 0 了，我们必须把他的 x 坐标设定为 0，代码如右图所示。

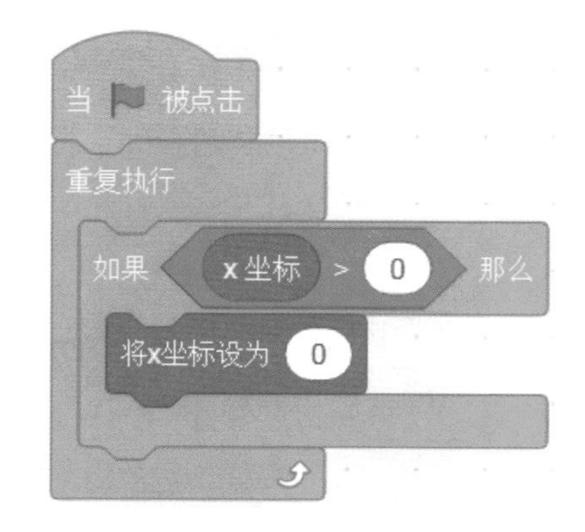

7. 蓝方运动员接收到“开球”消息

我们用上下左右键来控制蓝方运动员，代码如右图所示。

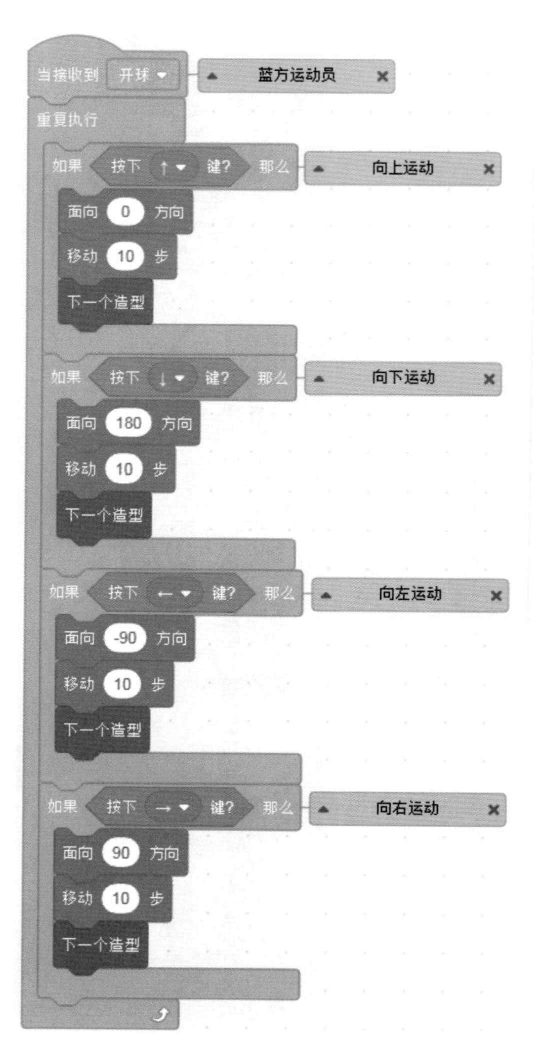

这里也可以采用另一种方式——面向 90 方向，移动 –10 步等价于面向 –90 方向移动 10 步。

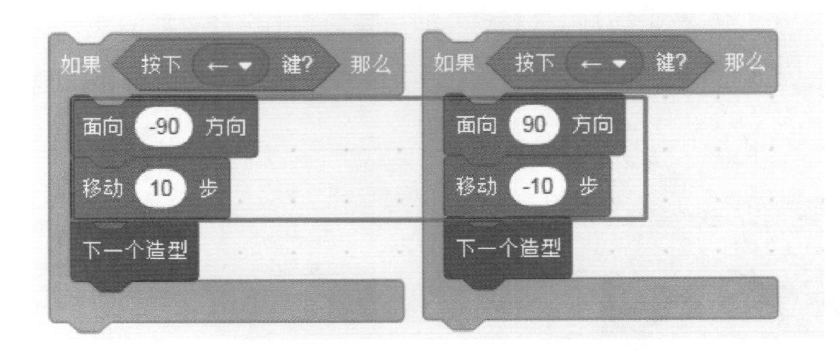

以下代码表示角色移动了 100 步，然后又反方向移动了 100 步，也就是回到了出发点。

这个方法在编程画画里面经常采用。

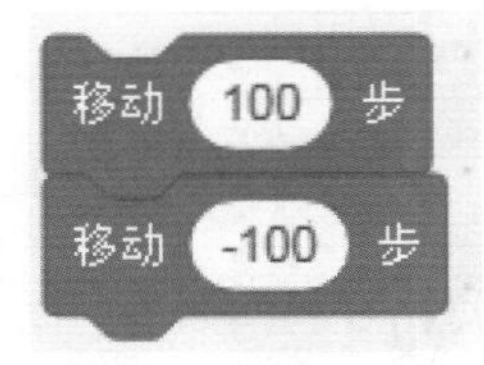

蓝方运动员在右边，不能越过中线，中线的 x 坐标是 0，也就是假设蓝方运动员的 x 坐标小于 0 了，我们必须把他的 x 坐标设定为 0，代码如下：

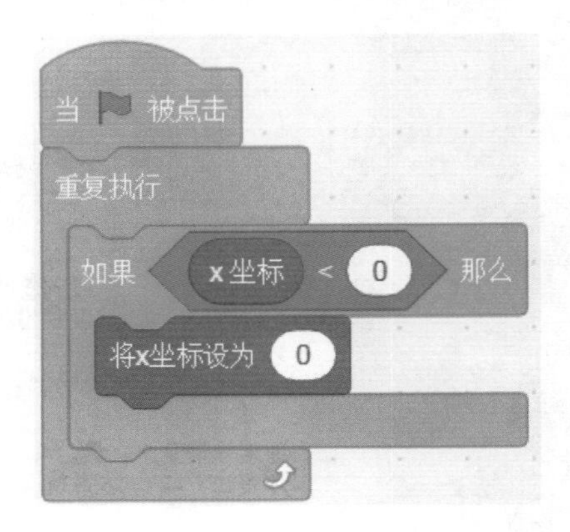

8. 球接收到“开球”消息

球接收到开球消息，球的位置应该在舞台中央，若碰到了蓝方运动员，则球要向右边运动，若碰到了红方运动员，则球要向左边运动，初始速度假设为 20，然后速度以 0.2 的梯度降低，直到为 0。这里要注意，初始速度和速度降低梯度应该是整数倍数关系。代码如下：

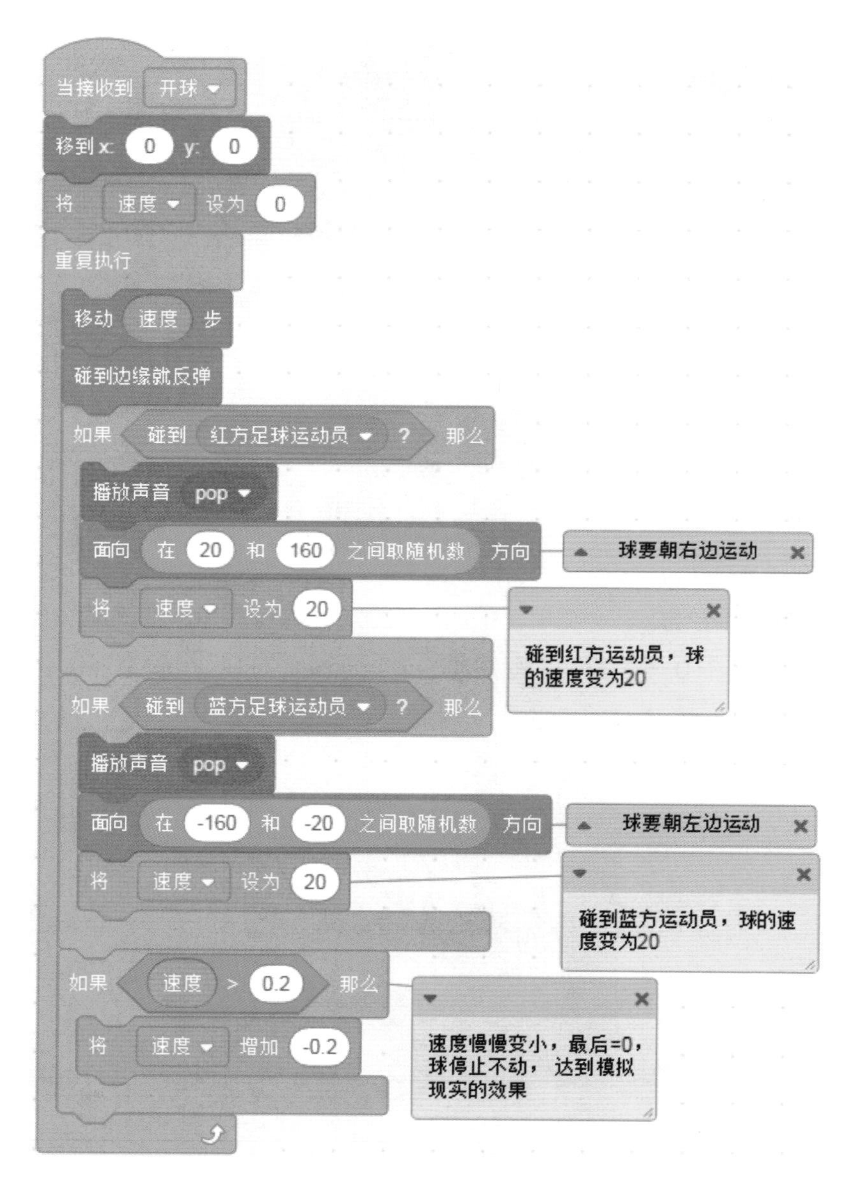

球在运动的过程中，怎么判断进球了呢？有三种方法：

（1）我们可以改变背景球门区域的颜色，用“碰到颜色”来判断。

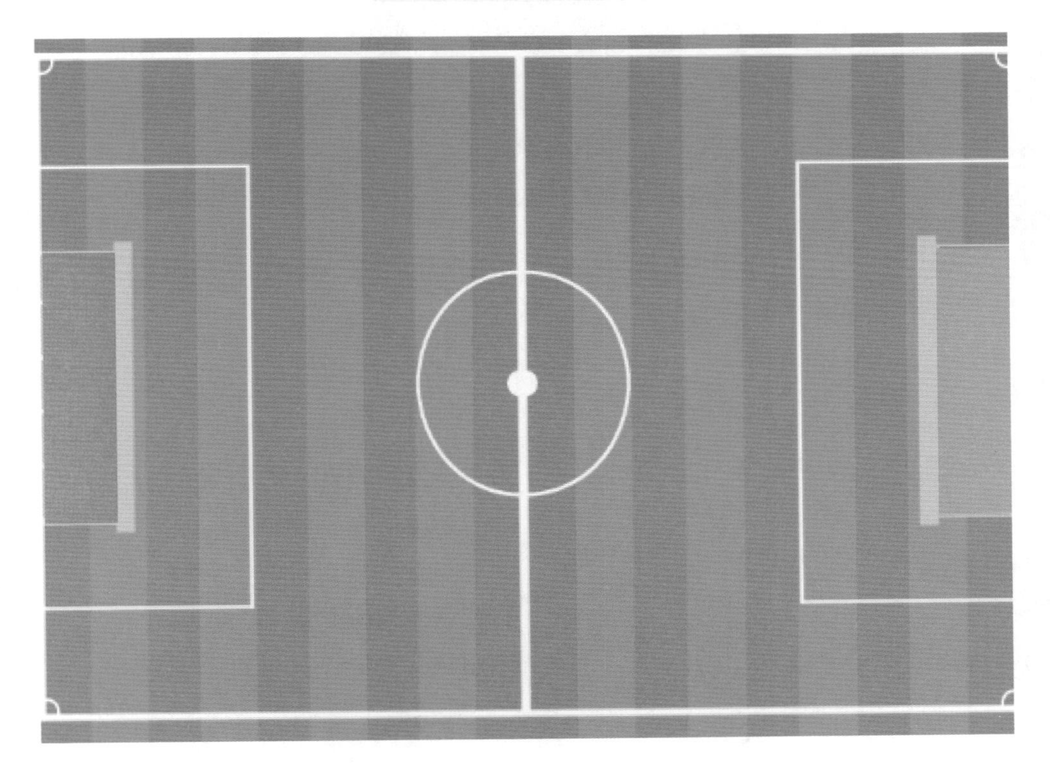

（2）我们可以在每个球门区域放一个恰当大小和形状的角色，用“碰到角色”来判断。

（3）我们也可以用球的坐标来判断，因为每个球门区域的 x 坐标和 y 坐标的范围是固定的，我们拖动球在球门区域内移动，可以得到每个球门区域的 x 坐标和 y 坐标的范围，我们认为球进入这个范围就是进球了，本案例采用这个方法。

代码如下：

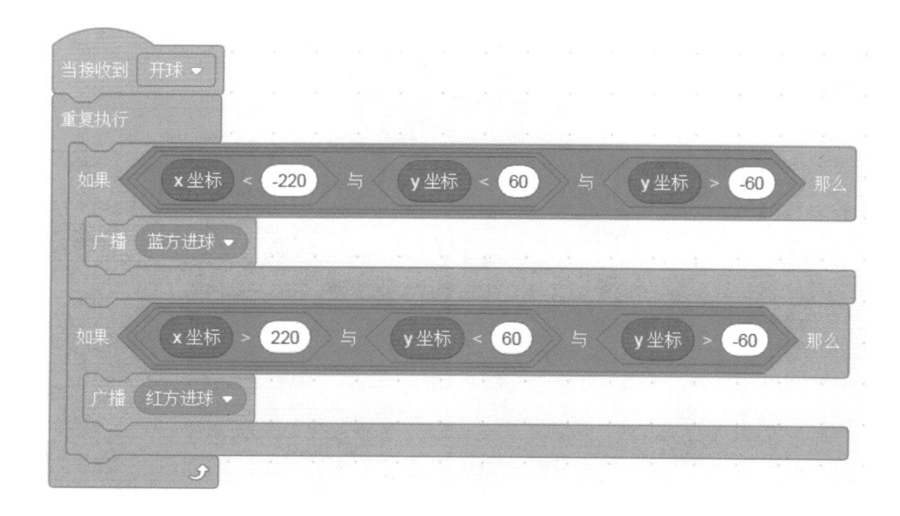

9. 收到进球消息

对应角色都会收到“蓝方进球”和“红方进球”消息。球的代码如下：

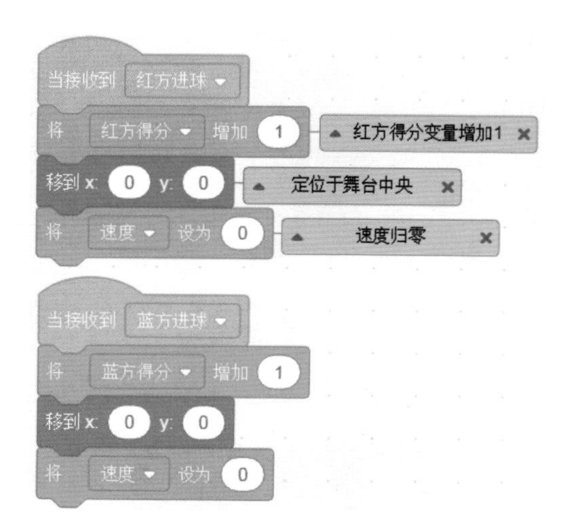

红方运动员代码如下，表示回到开始出发点：

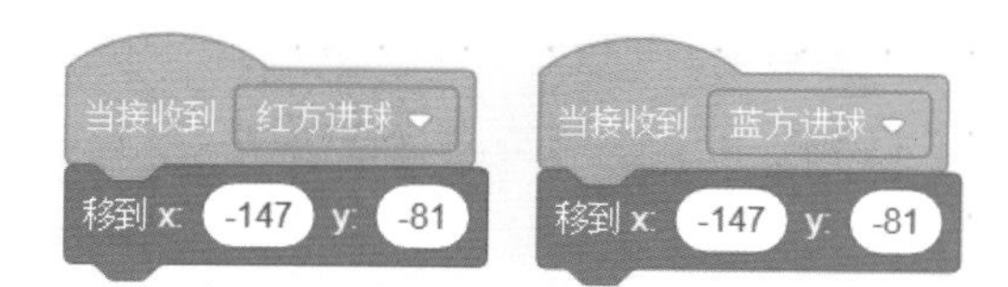

蓝方运动员的代码如下，表示回到开始出发点：

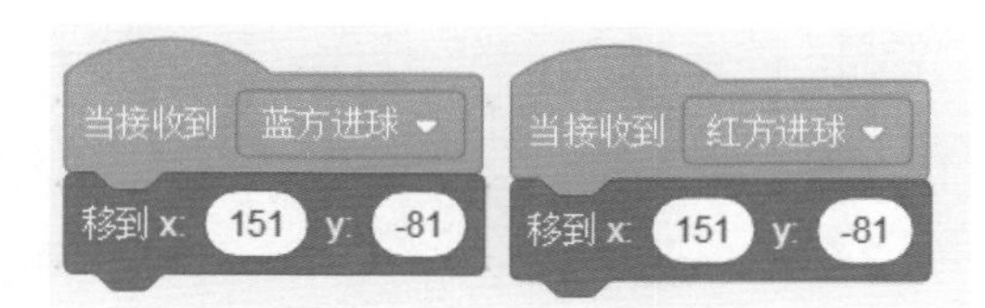

舞台同样也会收到这两个消息，我们让舞台进行一个切换，提示用户哪方进球了，然后一秒后，重新开球，代码如下：

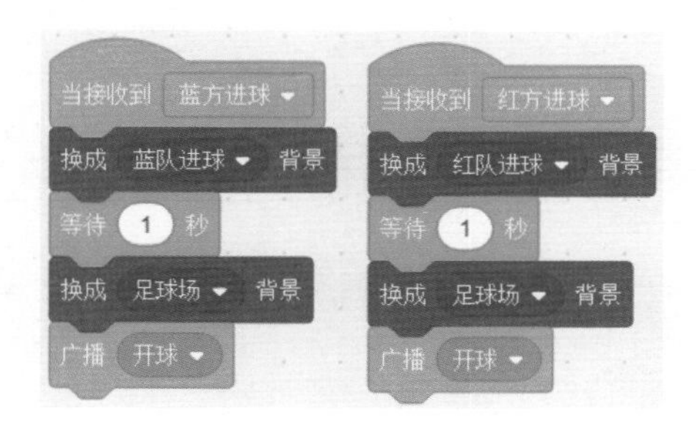

10. 胜负结果

对背景编程，当计时结束时，进行胜负判断，显然有三种结果：一种是平局，一种是红方胜利，一种是蓝方胜利。

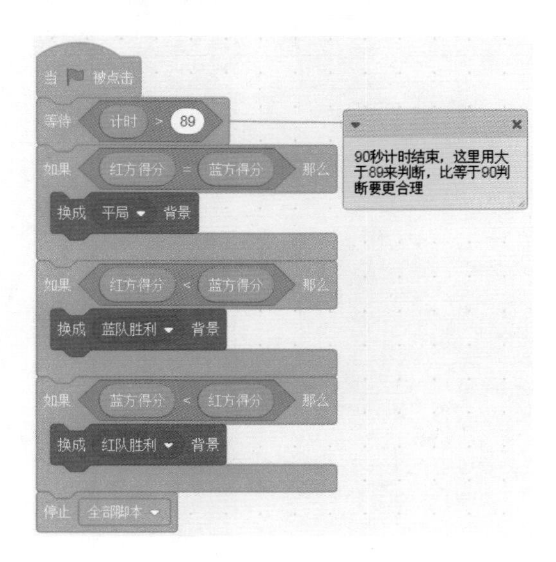

小结

本案例和上一个案例，都是一个完整的作品，我们在参加很多编程比赛中，如中国科学技术协会举办的全国比赛、中国电子学会举办的全国比赛、各地教育部门、学校举办的各级比赛，发现主办方会对作品的完整性、程序的逻辑性、艺术性、用户互动体验有明确的要求，这个案例也许会对你有所帮助。

克隆

概念

克隆，在 Scratch 编程中是指一个角色（母体）复制成多个角色（克隆体），克隆体拥有母体在复制瞬间时所有的特性（位置、是否显示、方向等），可以通过编程“无差别”或“有差别”地改变这些特性。

克隆需要应用到的三个积木 

。

一般我们会将母体隐藏，只负责克隆，让克隆体显示和完成案例的功能。

天上掉水果

案例描述：点击绿旗，从天上不断掉不同的水果，这是一个非常经典的应用。

运行界面

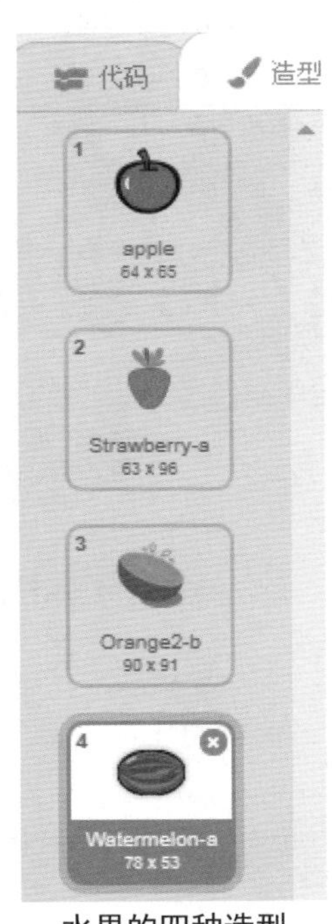

水果的四种造型

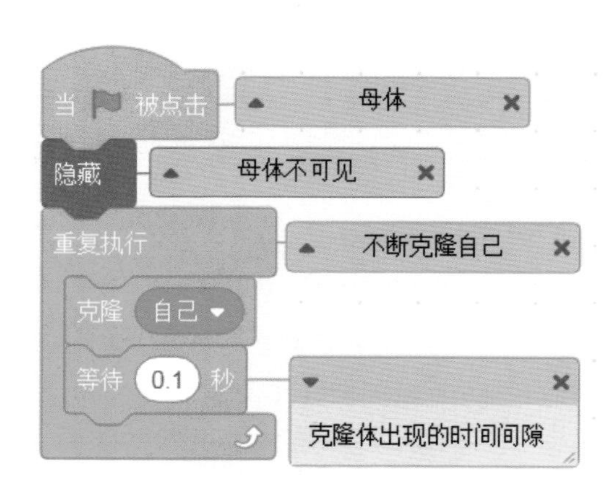

首先我们对母体进行编程，一般会将母体隐藏，只负责克隆，让克隆体显示和完成案例的功能。

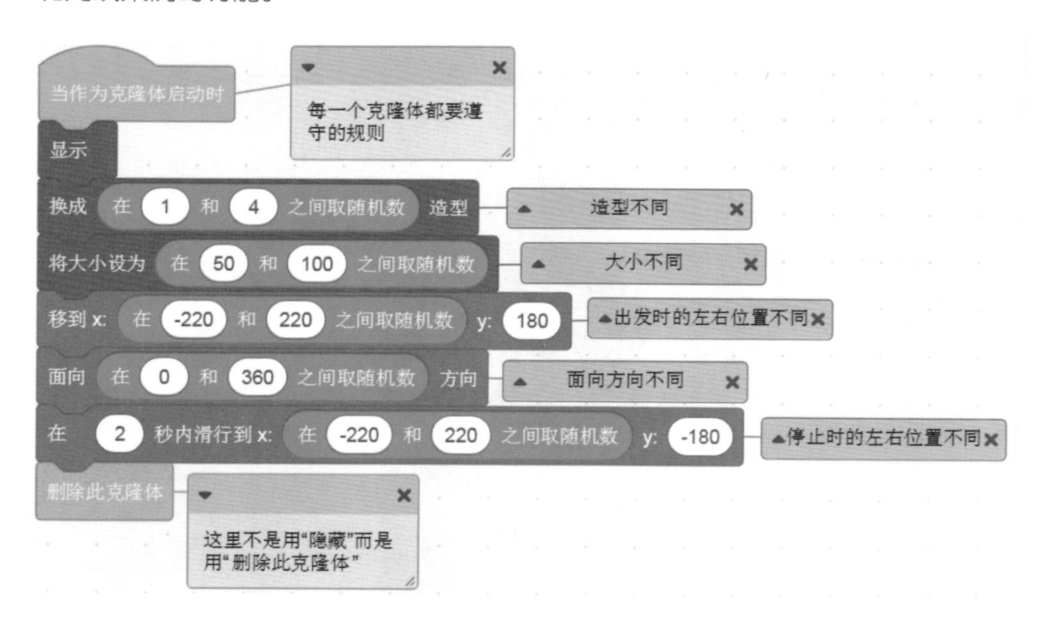

这是对克隆体的无差别统一编程，每一个克隆体都要按照以上代码来运行。

只要将角色背景修改一下，我们就可以将以上代码原理运用于不同的场景。

女孩生日愿望

女孩快要过生日了，她梦想着能得到自己喜欢的各种衣服。

运行界面

衣服的六种不同造型

当 被点击
母体
隐藏
重复执行
克隆 自己
等待 1 秒

母体的编程

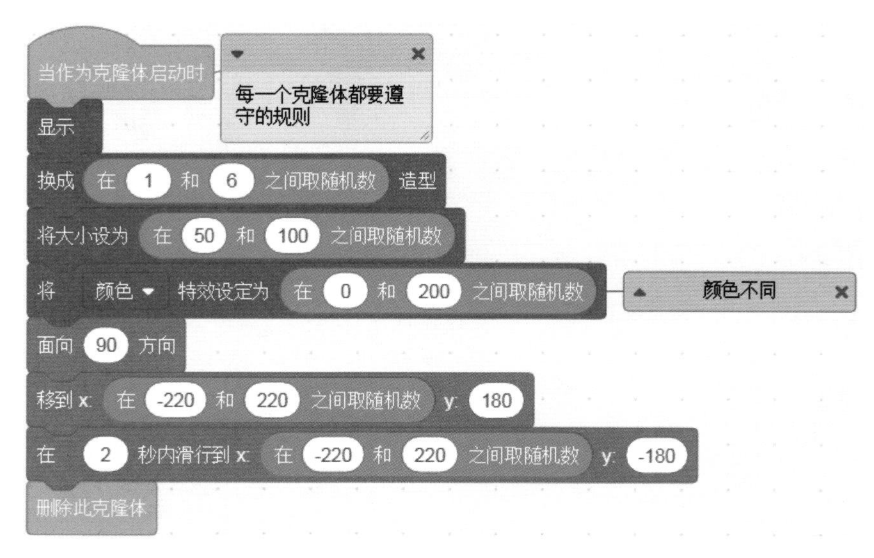

克隆体的编程

案例3　公鸡列阵

单击绿旗，25 只公鸡均匀地站成 5 排 5 列。

这个案例主要体会“克隆体拥有母体在复制瞬间时所有的特性（位置、是否显示、方向等）”。

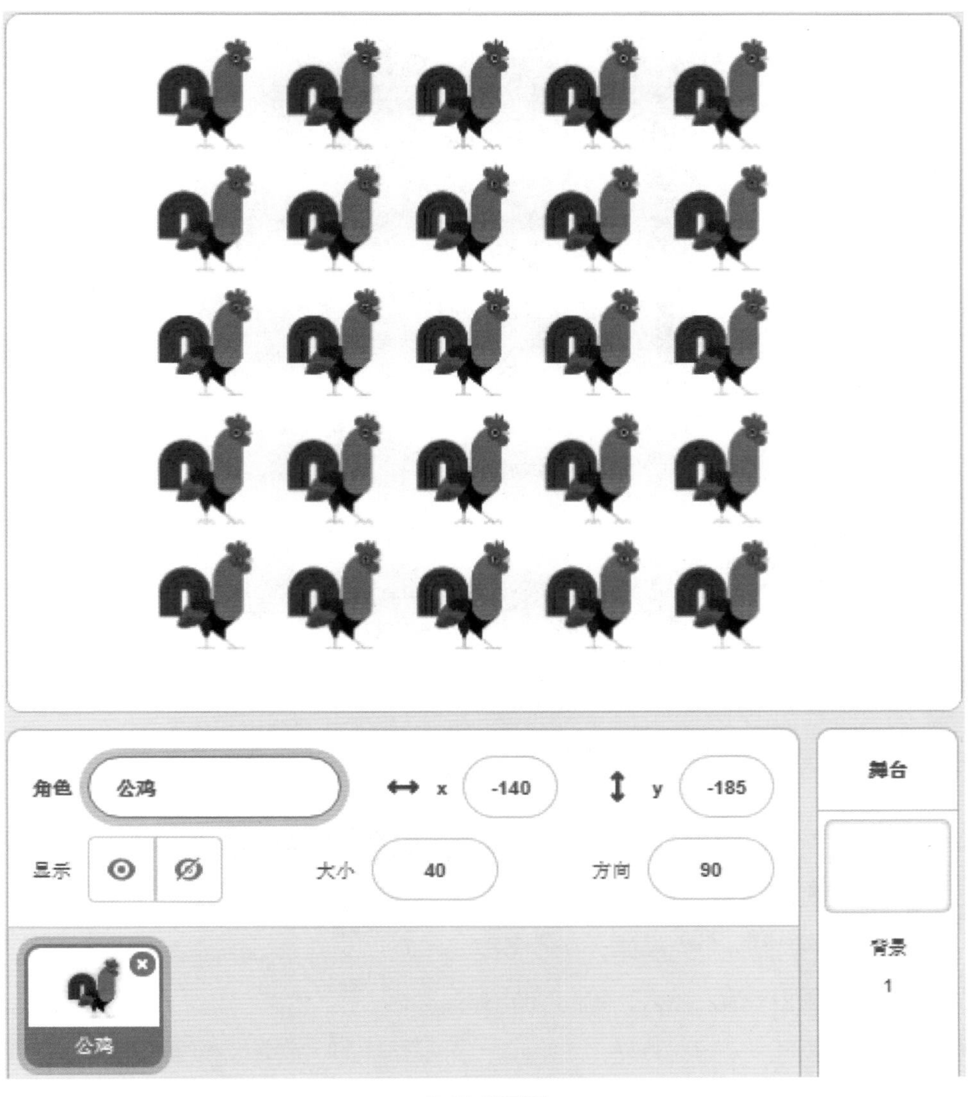

运行后界面

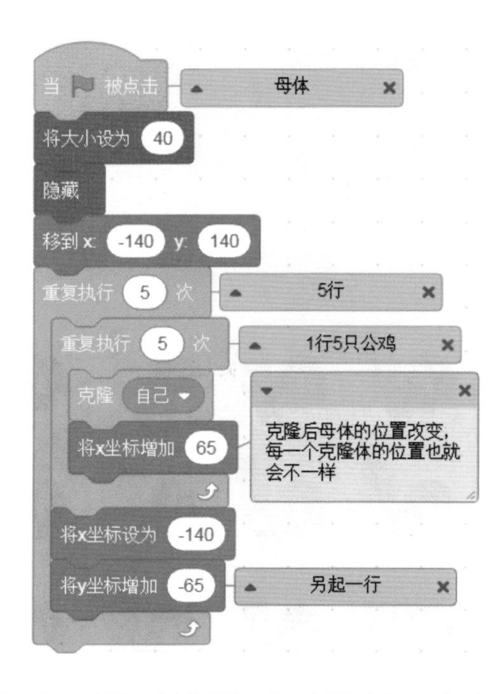

对母体进行编程后，母体一边运动一边克隆自己，每个克隆体的位置也就不一样。

克隆体只需显示自己即可。

 有不同编号的公鸡列阵

前面的三个案例中，每一个克隆体本质上都是一样的，我们无法像每一个角色一样去单独控制每一个克隆体，在很多案例中我们需要这样做，那么，我们可以采用什么方法呢？

答案是：变量，私有变量。

新建变量
新变量名：
编号
适用于所有角色　仅适用于当前角色
取消　确定

选择“适用于所有角色”建立的变量就是全局变量，每个角色都可以对该变量编程。

选择“仅适用于当前角色”建立的变量是私有变量，只有该角色可以修改该变量的值，其他角色无权修改但可以调用该变量。

我们给公鸡建立一个“编号”的私有变量，初始化为 1，每克隆一次，编号增加 1，由于“克隆体拥有母体在复制瞬间时所有的特性（位置、是否显示、方向等）”，这样，每个克隆体的编号都不一样，利用这一点，我们可以分别编程控制每一个克隆体，让它们做不一样的工作。

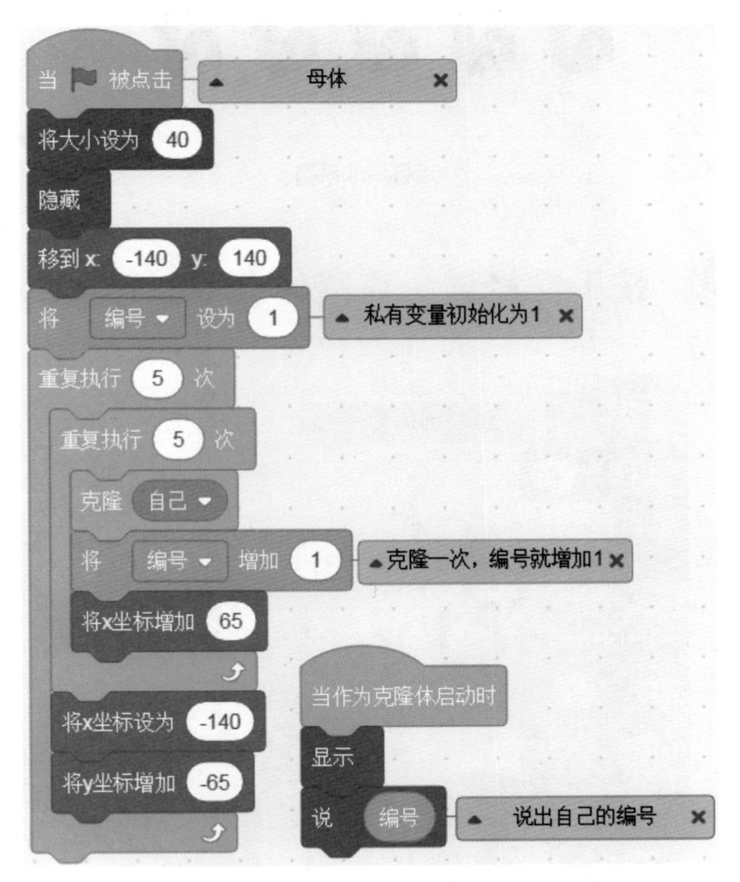

母体和克隆体编程

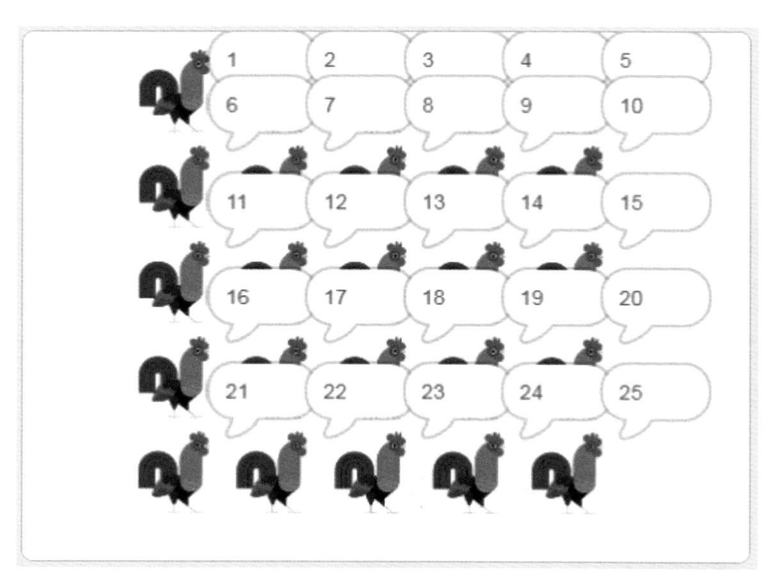

运行后效果图

案例5 按下空格键，克隆体公鸡做不同的事情

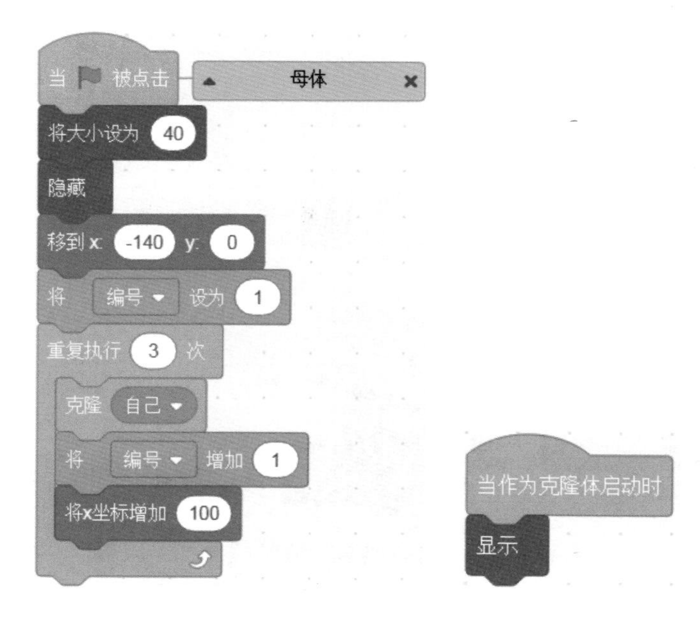

以上代码克隆出三只公鸡，每只公鸡的水平间隔距离为 100。

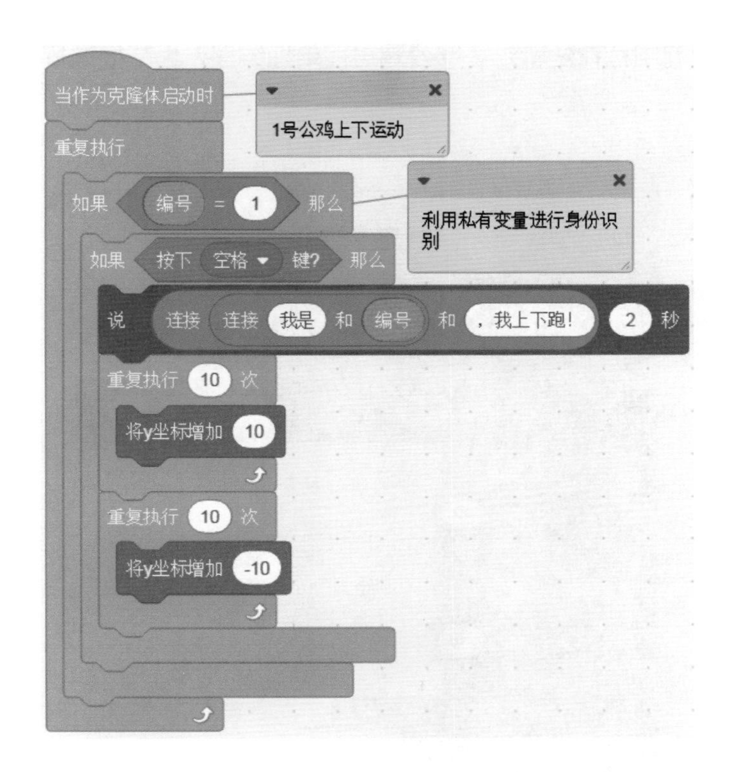

以上代码利用私有变量对 1 号公鸡进行单独编程，当空格键按下时，1 号公鸡上下运动。

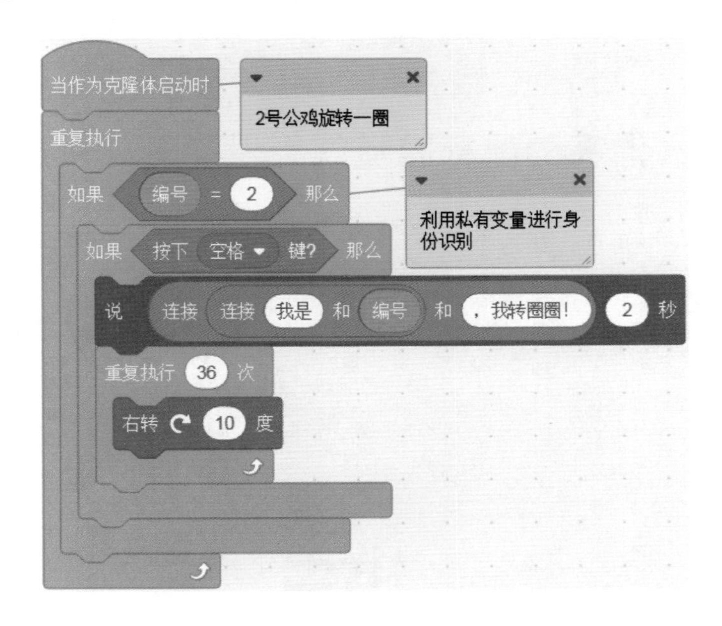

以上代码利用私有变量对 2 号公鸡进行单独编程，当空格键按下时，2 号公鸡旋转一圈。

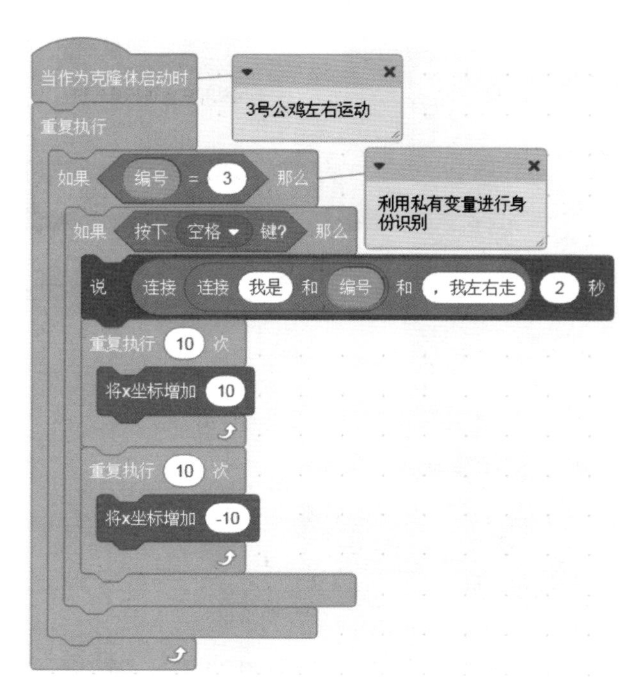

以上代码利用私有变量对 3 号公鸡进行单独编程，当空格键按下时，3 号公鸡左右运动。

案例6 漂亮的鼠标跟随效果

01 自己创建一个角色，让这个角色跟随鼠标，可以是花或者其他你想要的效果。

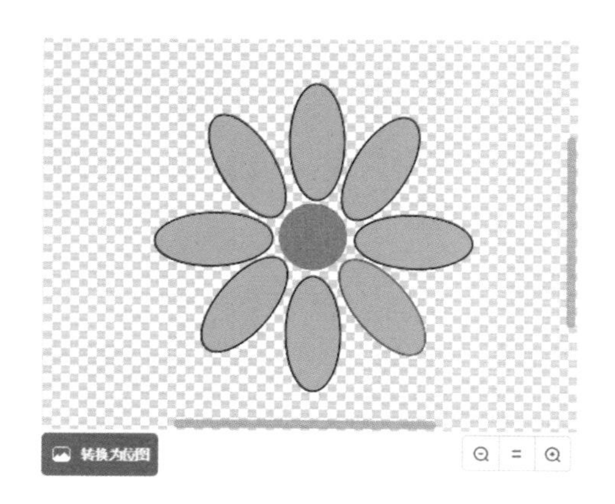

02 母体隐藏，然后不断地克隆自己。

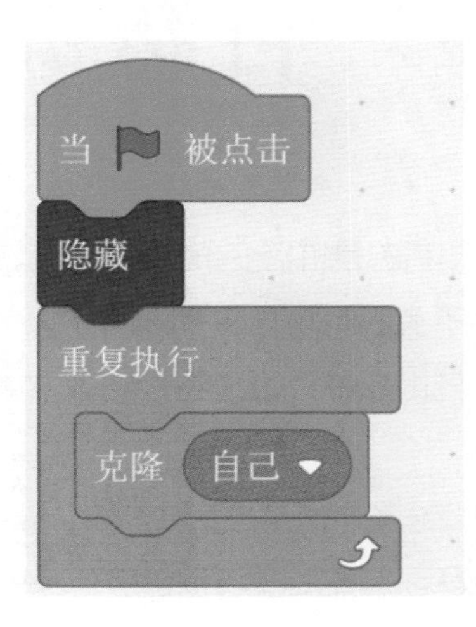

03 克隆体显示在鼠标位置，大小、方向、移动距离都随机，一边移动一边虚化。一个漂亮的鼠标跟随效果就产生了，本案例可以灵活用在各种作品中。

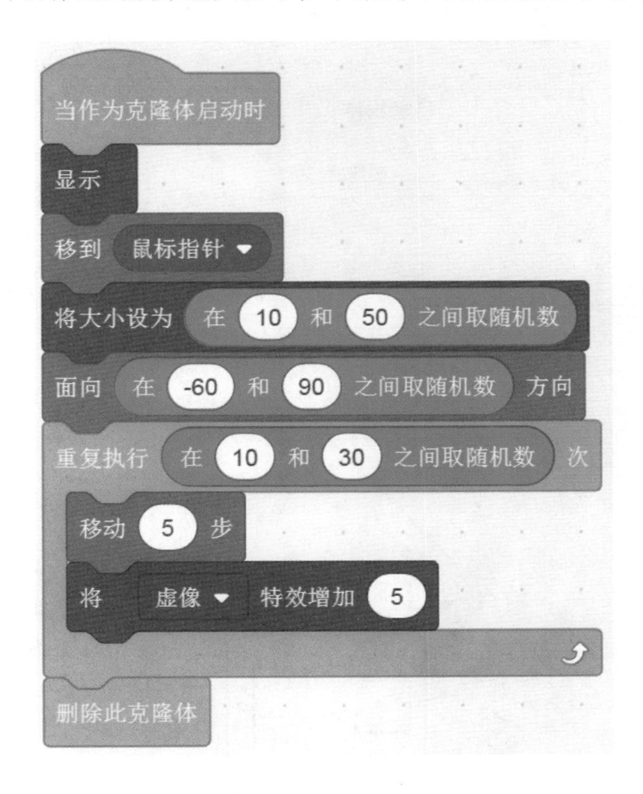

第4章 分而治之——自制积木

你有很多的积木玩具，有的是拼搭变形金刚的，有的是拼搭赛车的，有的是拼搭功夫熊猫的，你肯定不会把他们混在一起，而是分别装在不同的袋子里面，然后每个袋子上面贴上不同的标签，如“变形金刚”“赛车”“功夫熊猫”，想搭什么就拿什么袋子。

家里来客人了，妈妈要准备一桌菜来招待客人，要做5个不同的菜，5个不同的菜有不同的配料，妈妈习惯都会把配料准备好，并分别放在不同的碗里面。

编程也是如此，面对一个复杂的问题，人们总是习惯把大问题分解成一个又一个的小问题，然后分别独立地去编程和测试。

怎么实现呢？答案是自制积木。

案例1 建筑房屋

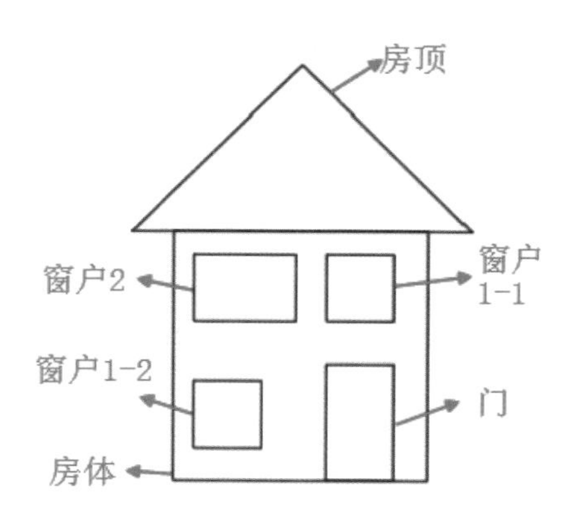

我们要编程画出以上房屋，我们可以把任务分解为：

（1）房顶—— 一个等边直角三角形。

（2）房体—— 一个正四边形。

（3）窗户 1—— 一个小的正四边形，有两个这样的窗户，只是位置不同而已。

（4）窗户 2—— 一个长方形。

（5）门—— 一个长方形。

我们只要能独立和分别编程解决以上 5 个小问题，然后再组合起来，那么任务就完成了。

单击“制作新的积木”出现下图。

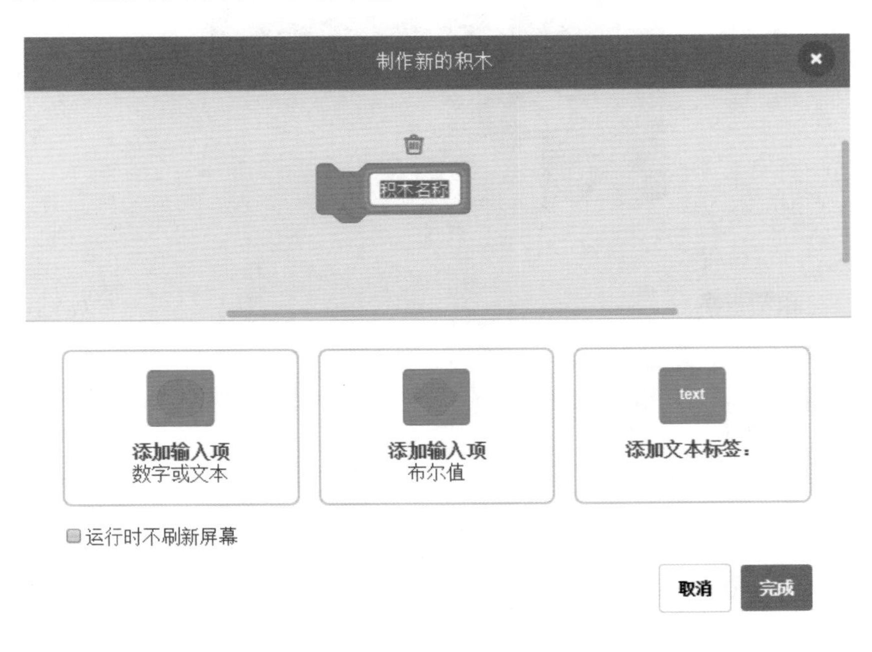

将积木名称修改为“房顶”，然后编程如下：

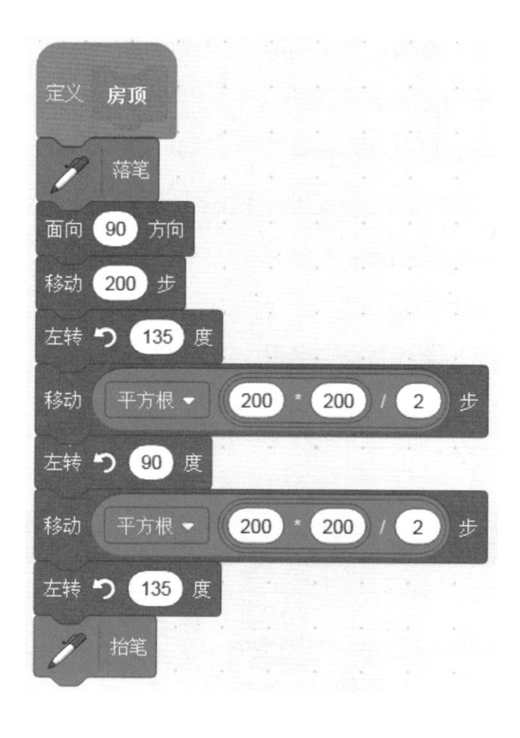

自制积木

制作新的积木

单击 房顶 “房顶”这个积木，就会在舞台上画出

一个 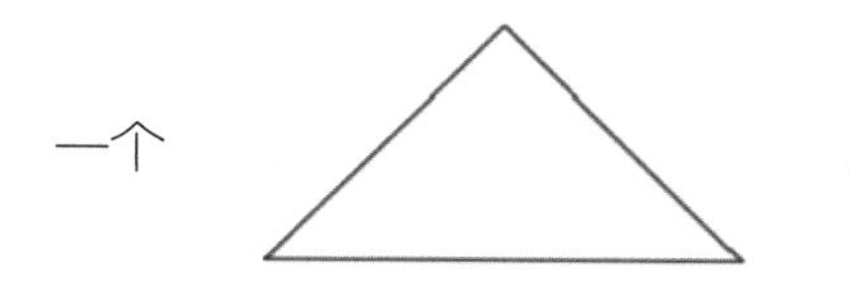 。

也就是说，我们要画一个房顶，只要调用这个积木就可以了，就好像你要玩变形金刚，只要将标签为“变形金刚”的袋子拿出来即可，而不用逐一地去找和变形金刚有关的积木。

再自制一个“房体”的积木并编程如下：

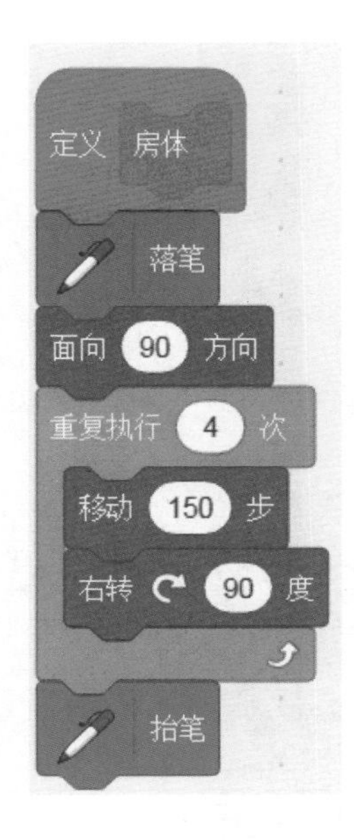

接着自制一个“窗户 1”的积木并编程如下：

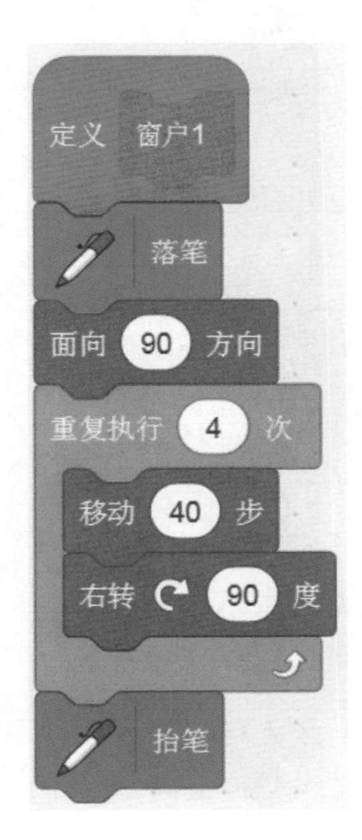

然后自制一个“窗户 2”的积木并编程如下：

最后自制一个“门”的积木并编程如下：

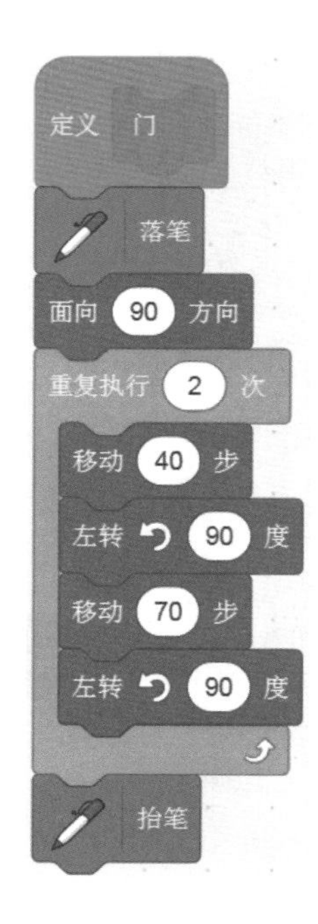

所有的小任务我们都编程逐一解决了，并逐一测试成功，现在我们自制了如下几个新的积木，每个新的积木都对应着小任务。

接下来，我们只要根据这几个小任务之间的关系，将代码组合起来，整个任务就完成了，如同妈妈把 5 个菜都做好了，只要摆上桌子，并且位置摆得漂亮即可。代码如下：

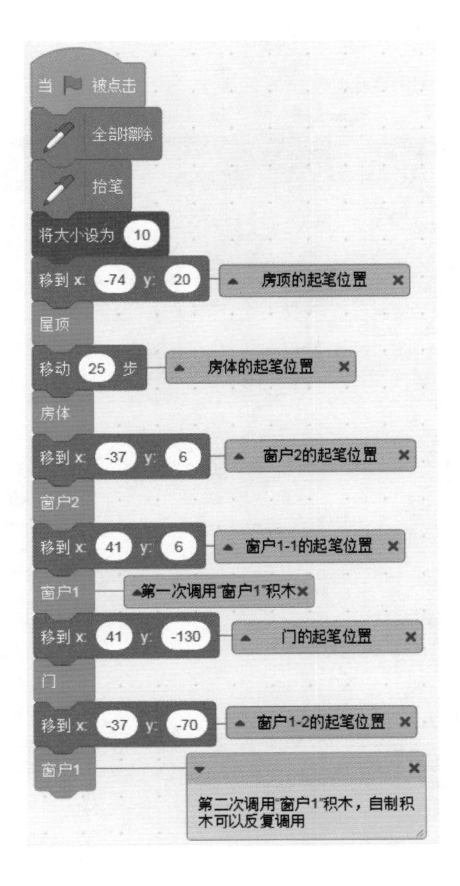

梯形面积的计算

梯形是只有一组对边平行的四边形。平行的两边叫作梯形的底边：较长的一条底边叫下底，较短的一条底边叫上底；另外两边叫腰；夹在两底之间的垂线段叫梯形的高。

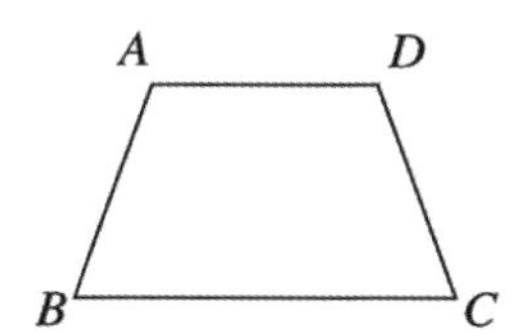

梯形面积 =（上底 + 下底）X 高 / 2

无论什么样的梯形，其面积计算都遵循以上规则，凡是这样有规律的问题，我们都可以采用自制积木的方式，自制一个“计算梯形面积”的积木，来计算不同上底、下底、高的梯形面积。

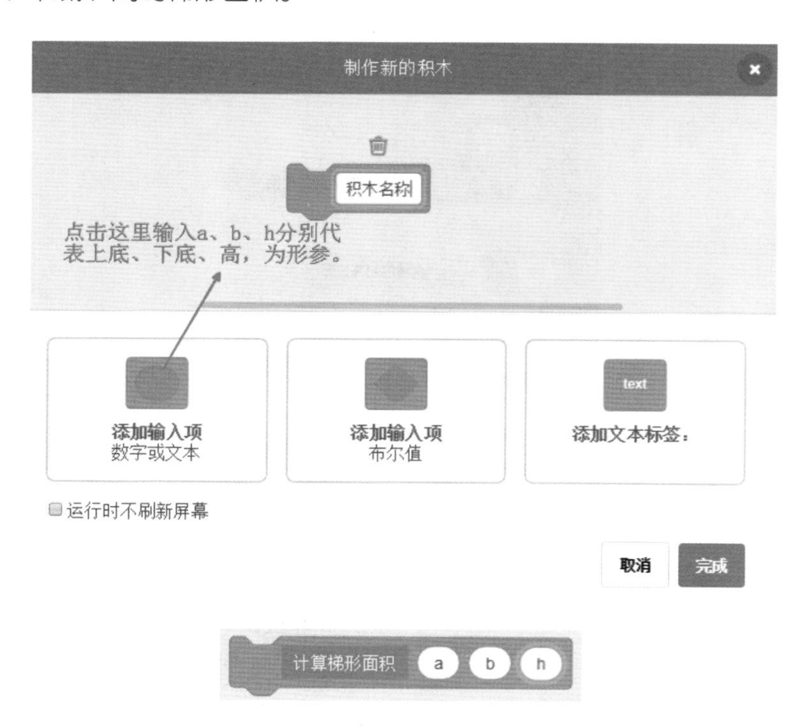

还需要设置一个变量“梯形面积”，来保存数据。

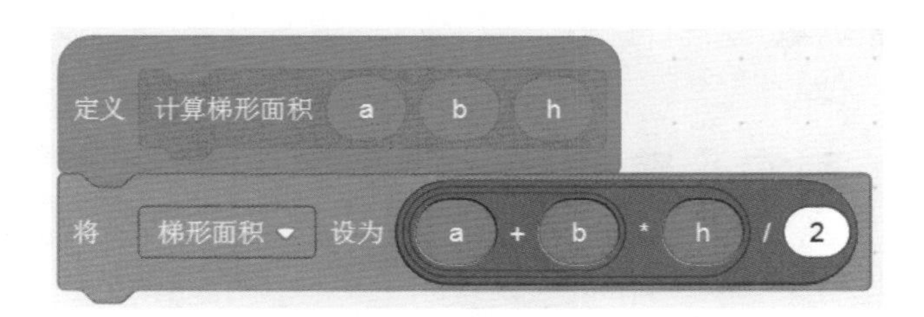

我们现在已经有了一个名称为“计算梯形面积”的自制积木，实际用的时候，需要把具体的数据代入，如下图所示。

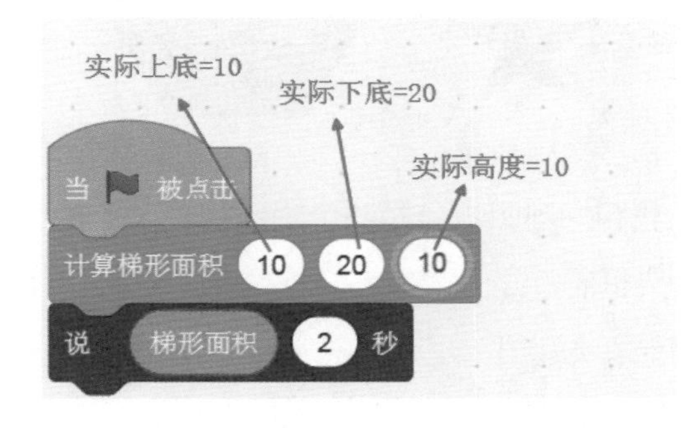

也可以用个键盘输入，如下图所示。

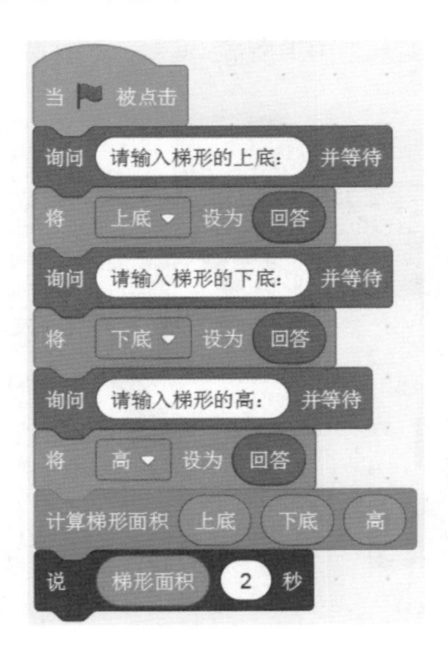

按照这个思路，可以创建很多积木，来解决数学和物理问题，如计算体积、摄氏度和华氏度互换、路程计算等。

画实心图形

编程画出如下两个实心图形。

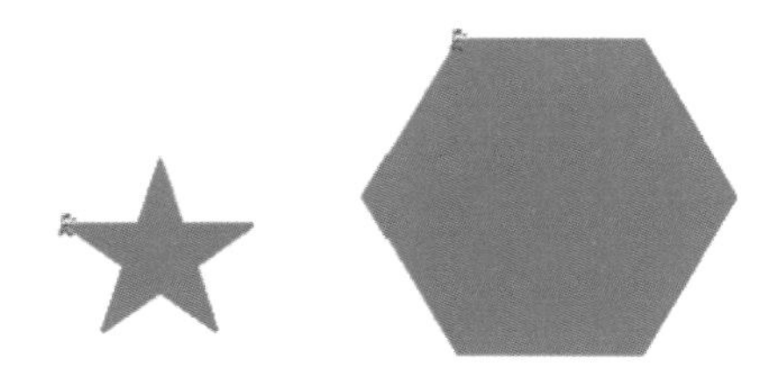

以上实心图形，我们均可以拆分为两个问题：

第一个是怎么画外框？

第二个是怎么填充？

我们发现以上图形都可以找到一个中心点，所谓的填充可以这样理解：从中心点出发到外框的每一个点连线的集合。

以五角星为例，五角星每个内角都是 36 度，一般我们如下画空心的五角星。

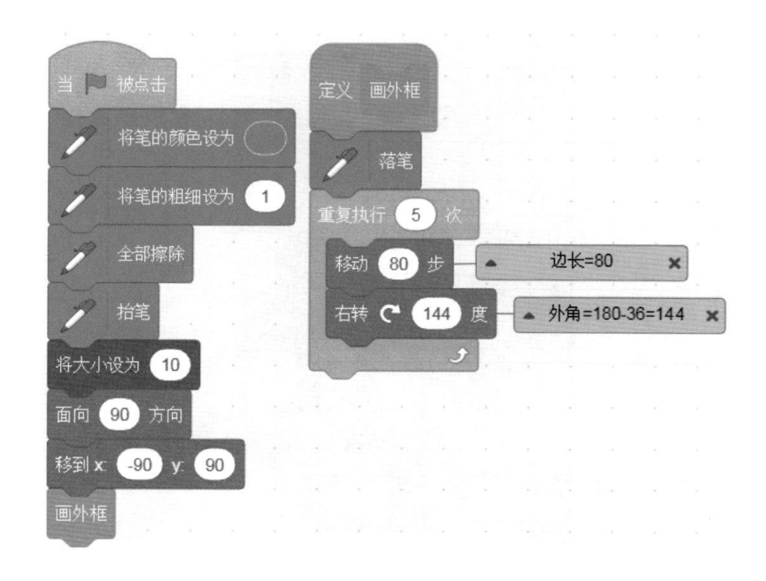

但现在由于要把该五角星的中心点和外框的每一个点连线，所以我们需要将画外框的代码修改如下：

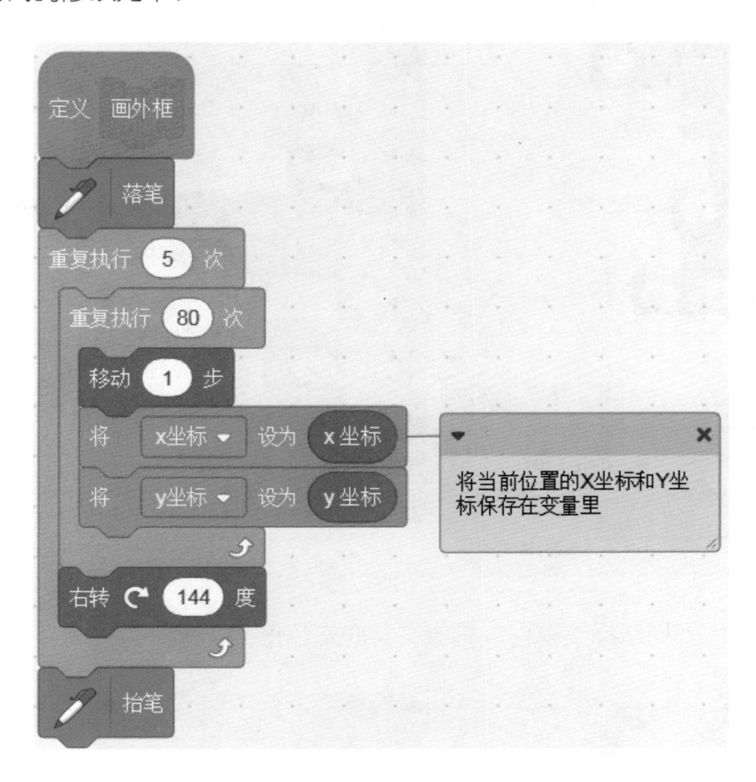

然后我们再自制一个“填充”的积木如下：

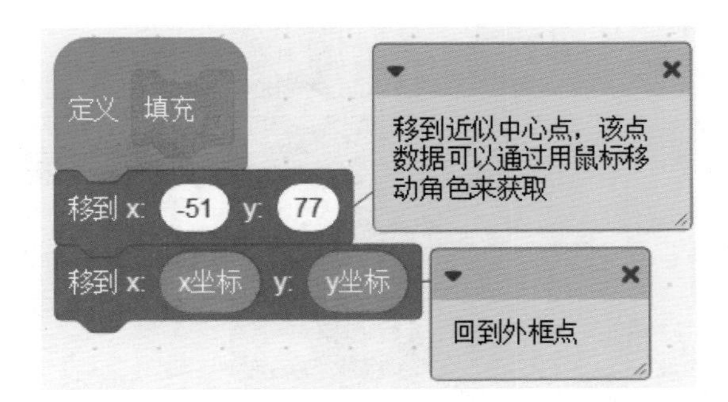

以上代码作用是：角色移动每一步，就来到近似中心点，然后又回到外框点。

完整代码如下：

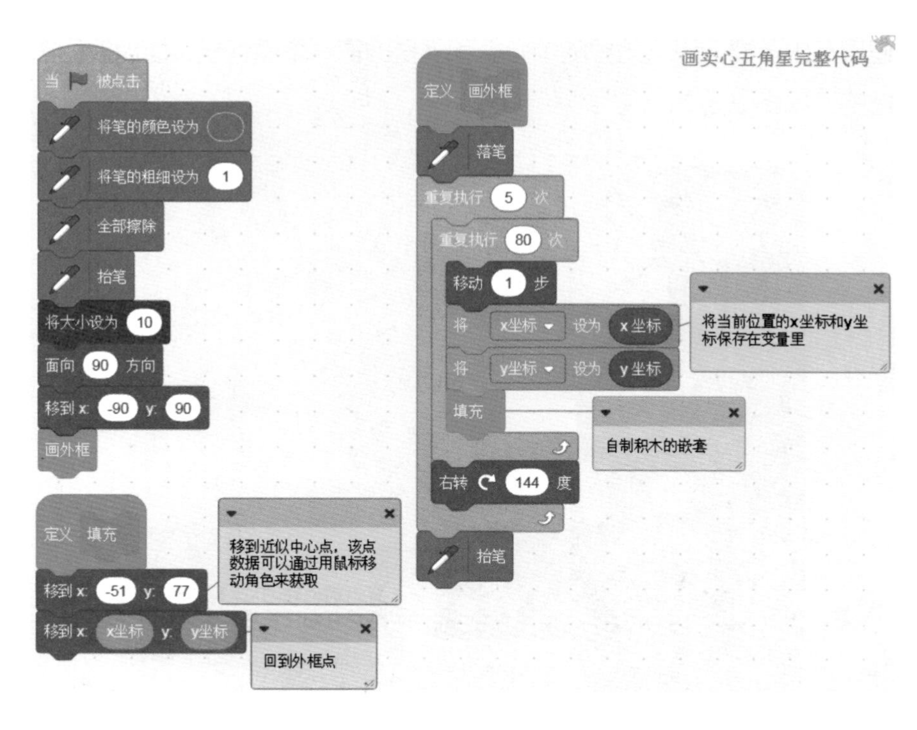

将以上代码稍做修改就可以画出“实心六边形”。

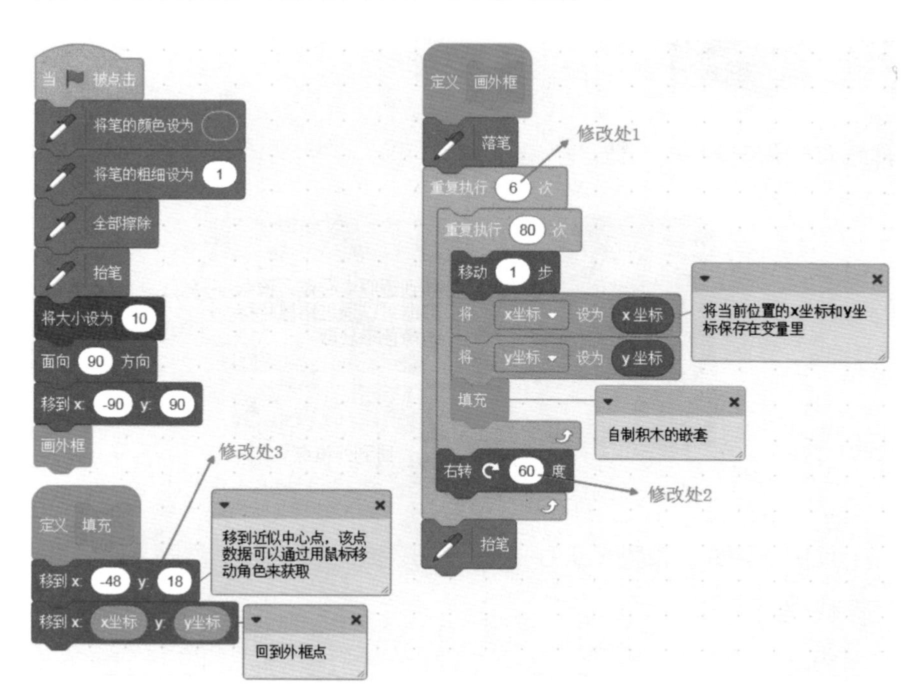

利用这个原理可以轻松画出如下各个实心图形。

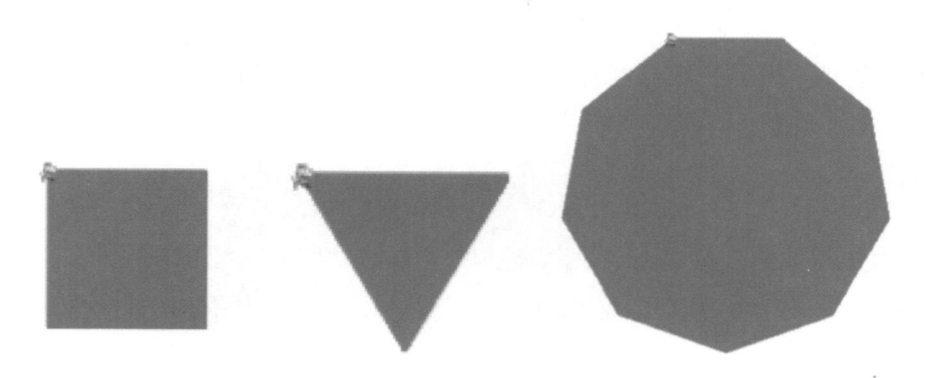

列表

要了解列表，先要谈谈变量。

什么是变量，你可以把变量想象为一个有名称的盒子，变量名就是这个盒子的名称，程序随时都能存取盒子中的数据（数字和文本），盒子中的数据可以改变，但一直只有一个数据。

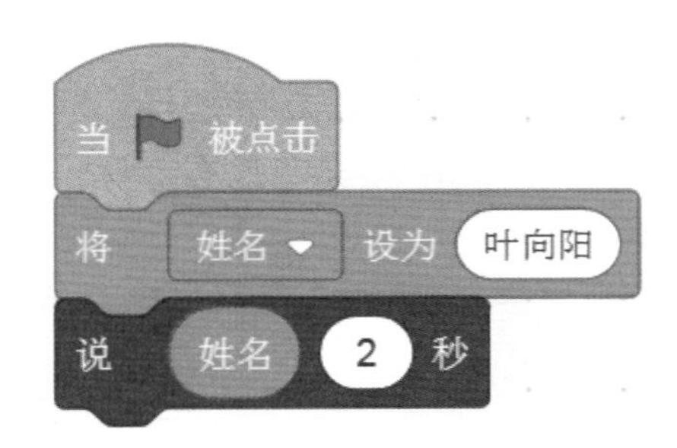

以上代码运行后，姓名 = 叶向阳，说“叶向阳”。

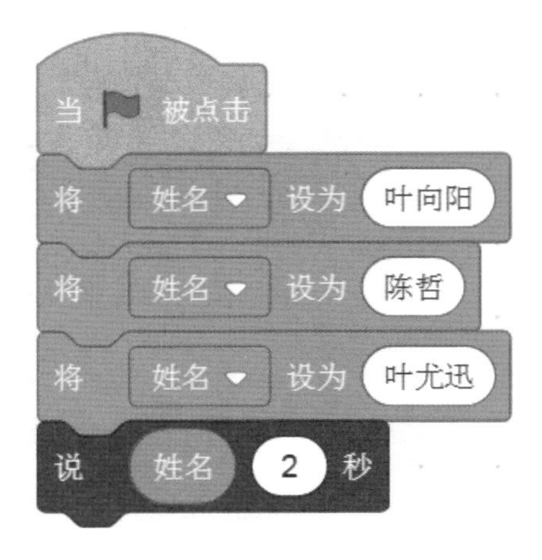

以上代码运行后，姓名 = 叶尤迅，说“叶尤迅”。

假设一个班级有 50 个学生，若要保存这 50 个学生的姓名，那么是否要设立 50 个变量呢？答案是否定的，因为我们有更好的办法，那就是使用列表。

列表是存取许多变量的一个容器，就像一个有许多柜子的丰巢智能柜，每一个柜子都可以存放一个快递，每一个柜子都有一个编号，编号从1开始增加，存放快递也总是从小的编号柜子依次存放。

建立一个列表就相当于一次性建立了很多个变量。

列表的基本操作如下。

将19加入到年龄列表的末尾处。

删除年龄列表的第1项,第2项变成了第1项,第3项变成了第2项,依此类推。

删除年龄列表的全部项目，变成了一个空表，列表还是存在的。

第2项变成了56,原来的第2项变成了第3项,原来的第3项变成了第4项,依此类推。

若年龄列表存在第4项，则将第4项的数据修改为19，若年龄列表不存在第4项，则不做任何修改。

获得年龄列表的第 1 项的变量值。

获得年龄列表“项目内容”等于 56 的第一个编号，若不存在则返回 0。

获得年龄列表变量的数量。

年龄 的项目数

年龄列表是否含有特定的值 7？

在舞台上显示年龄列表值显示器。

显示列表 年龄

在舞台上隐藏年龄列表值显示器。

我的存钱罐

描述：由于你在各个方面的表现都很优秀，同时妈妈也想锻炼你的理财意识，妈妈经常会给你一些零花钱奖励，你会把当天的奖励存入存钱罐，你想记录哪天存了多少钱？合计存了多少钱？

分析：要记录哪天的存钱数，这里涉及很多数据，所以应该要用列表，并且需要两个列表，一个是存钱日期，一个是存钱金额，还要计算合计存了多少钱，这显然需要一个变量“合计金额”。

开始编程：首先建立两个列表“存钱日期”“存钱金额”，按下空格键询问金额，存钱日期采用系统默认日期。

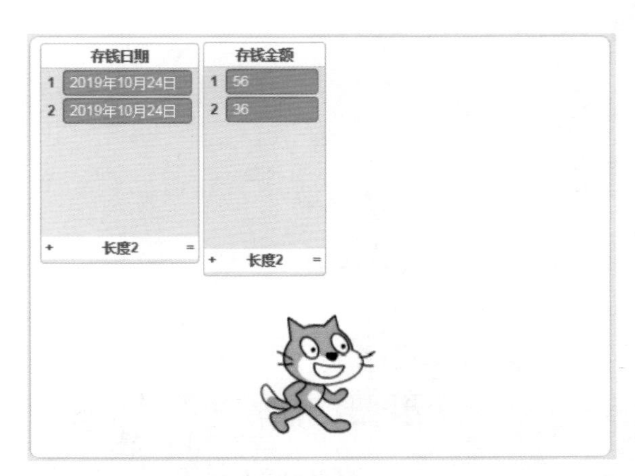

程序界面

程序代码

现在我们考虑怎么计算“合计存了多少钱”，这是一个经典的累加问题，需要一个变量“合计金额”，并初始化等于 0，然后我们需要将“存钱金额”列表从第一项数据到最后一项数据不重复不遗漏都增加到“合计金额”中。

假设合计有 n 项数据（这里 n= 存钱金额 的项目数），也就是要将第 1 项数据、第 2 项数据、第 3 项数据……第 n−1 项数据、第 n 项数据都增加到“存钱金额”中，我们可以建立一个变量 i，开始时 i=0, 然后 i 增加 1，增加 n 次来对应这个过程。编程如下：

```
当按下 空格 键
询问 请输入金额 并等待
将 回答 加入 存钱金额
将 连接 连接 连接 连接 连接 当前时间的 年 和 年 和 当前时间的 月 和 月 和 当前时间的 日 和 日 加入 存钱日期
将 i 设为 0
将 合计金额 设为 0
重复执行 存钱金额 的项目数 次
    将 i 增加 1
    将 合计金额 增加 存钱金额 的第 i 项
说 连接 你合计存钱 和 合计金额 2 秒
```

若还要算平均每次存了多少钱？只需要建立一个变量“平均每次存钱”并编程如下即可。

存钱日期	
1	2019年10月24日
2	2019年10月24日
3	2019年10月24日
4	2019年10月24日
5	2019年10月24日
+ 长度5 =	

存钱金额	
1	56
2	36
3	10
4	36
5	10
+ 长度5 =	

合计金额 148

平均每次存钱 29.6

i 5

案例2 比赛打分

如果作为一个钢琴爱好者，你经常会参加一些高水平的演奏比赛。假设比赛有 8 个评委打分，计算你的最后得分规则是：去掉一个最高分，去掉一个最低分，然后求平均分就是你的最后得分，请编程实现这个功能。

分析：求平均分，就需要先求和，这里还要求去掉最高分和最低分，那就需要从这 8 个数据里面找到最高分和最低分，再将总和减去最高分和最低分之后求平均值。

所以需要创建一个“得分”列表，一个“和”变量，一个“最高分”变量，一个“最低分”变量，一个 i 变量用来遍历每个具体得分。

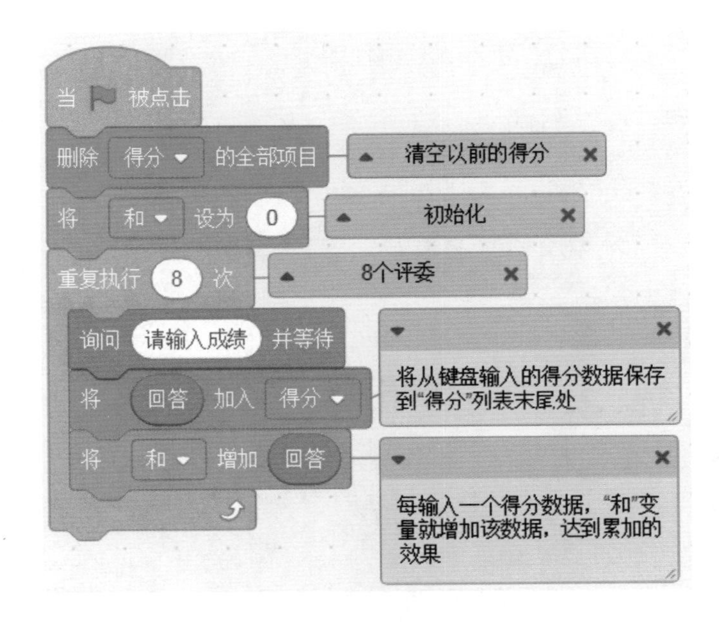

以上代码实现输入 8 次得分数据，并将数据保存到“得分”列表，同时将数据累加到“和”变量里面，记得“和”变量要初始化为 0。

那么怎么找最高分呢？

可以假设第 1 个得分是“最高分”，然后将“最高分”和第 2 个得分比较，若第 2 个得分大于“最高分”，那么应该将第 2 个得分赋值给“最高分”，然后再和第 3 个得分比较，依此类推，直到最后一个得分比较完毕。

编号	得分	最高分变化过程
1	60	60
2	85	85
3	75	85
4	90	90
5	99	99
6	82	99
7	78	99
8	80	99

上图是找到“最高分”的过程。

新建一个“找最高分”积木，并编程如下：

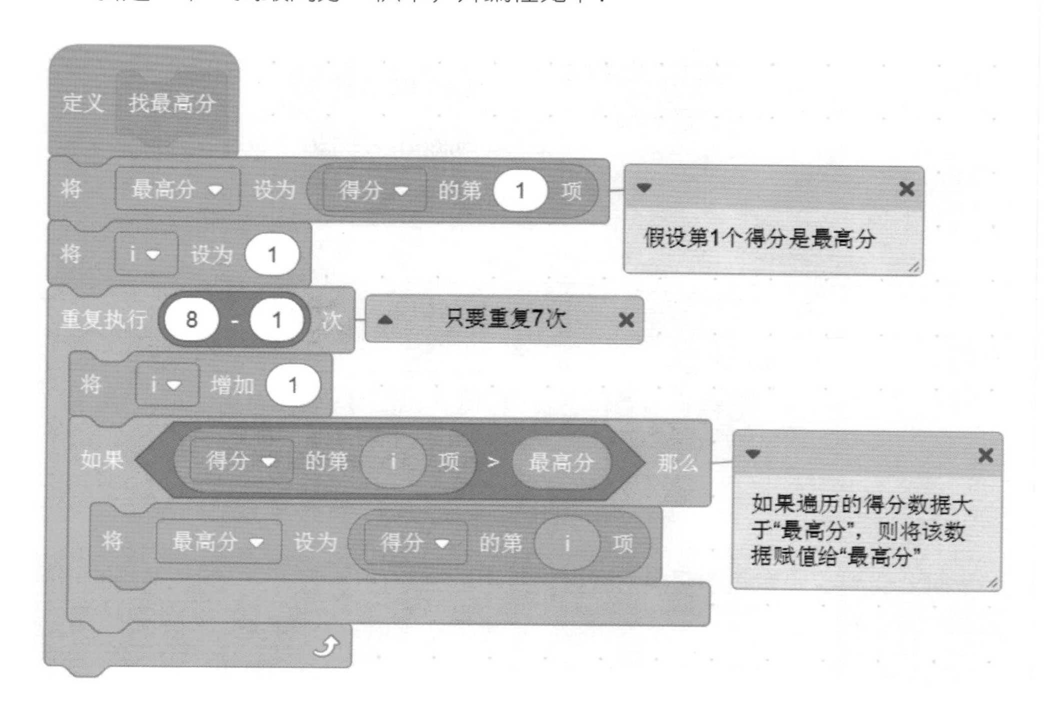

那么怎么找最低分呢？

可以假设第 1 个得分是“最低分“，然后将“最低分”和第 2 个得分比较，若第 2 个得分小于“最低分”，那么应该将第 2 个得分赋值给“最低分”，然后再和第 3 个得分比较，依此类推，直到最后一个得分比较完毕。

编号	得分	最低分变化过程
1	60	60
2	85	60
3	75	60
4	90	60
5	99	60
6	82	60
7	78	60
8	80	60

上图是找到“最低分”的过程。

新建一个“找最低分”积木，并编程如下：

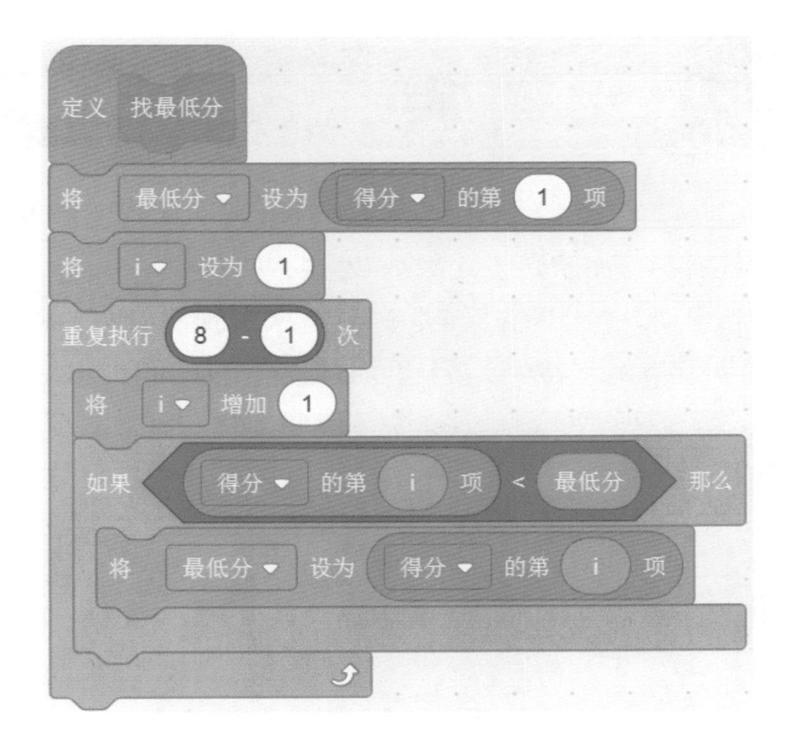

代码合成如下：

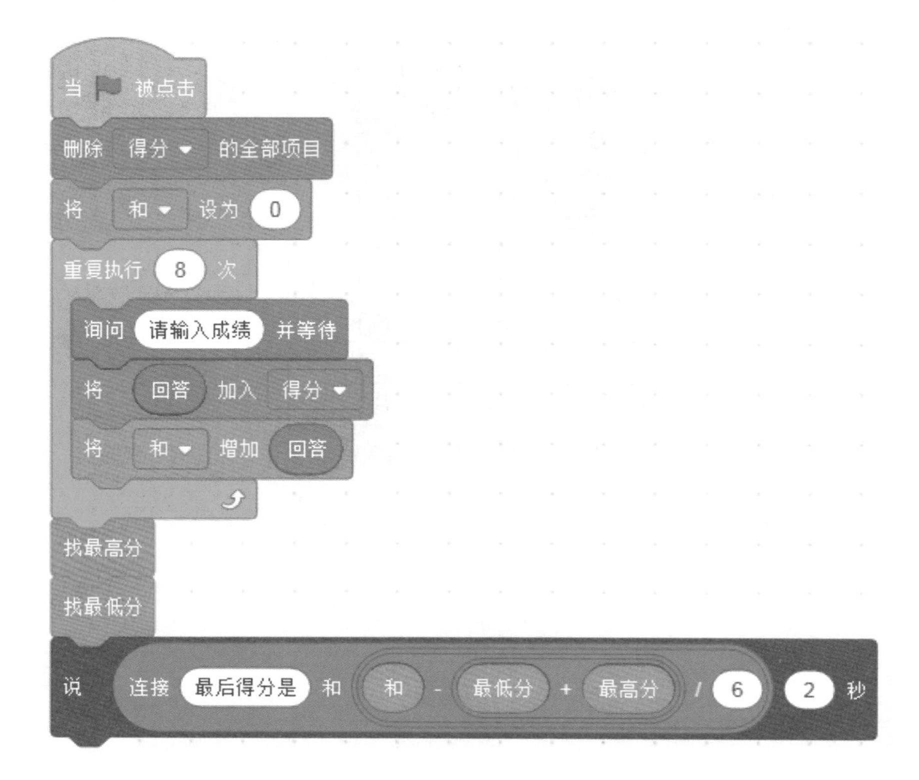

以上代码我们用了两次遍历才找到最高分和最低分，其实我们可以一次遍历就可以同时找到最高分和最低分，这样效率更高，速度更快。

运算速度是评价一个编程作品非常重要的指标，特别是当我们的数据量巨大的时候，如我们有 10 万条数据，要从里面找最大值和最小值，当然一次遍历比两次遍历的效率就高了很多。所以我们需要尽可能地优化程序，以便减少运算次数而达到同样的结果。

```
定义 找最高分和最低分
将 最高分 设为 得分 的第 1 项
将 最低分 设为 得分 的第 1 项
将 i 设为 1
重复执行 8 - 1 次
    将 i 增加 1
    如果 得分 的第 i 项 > 最高分 那么
        将 最高分 设为 得分 的第 i 项
    如果 得分 的第 i 项 < 最低分 那么
        将 最低分 设为 得分 的第 i 项
```

一次遍历代码

题库系统

爱玩游戏和编游戏是孩子的特质，如果你的游戏作品中能加入有关知识问题，如英语单词补缺、成语补缺、四则运算、猜谜语等，将会使你的作品娱乐性和知识性兼容，一定能获得大家的喜爱，特别是评委的好评。

题库系统就能完美的解决这个问题，那么一个题库系统需要有什么元素呢?

对于一个题库系统需要有：

（1）很多的问题。

（2）问题对应的答案。

（3）问题对应的难度（难度越大，得分越多，可以设立为 4、3、2、1 四个等级等）。

（4）问题的状态（该问题是否已经调用过了）。

为此，我们需要创建 4 个列表，“问题”列表、“答案”列表、“难度”列表和“状态”列表。

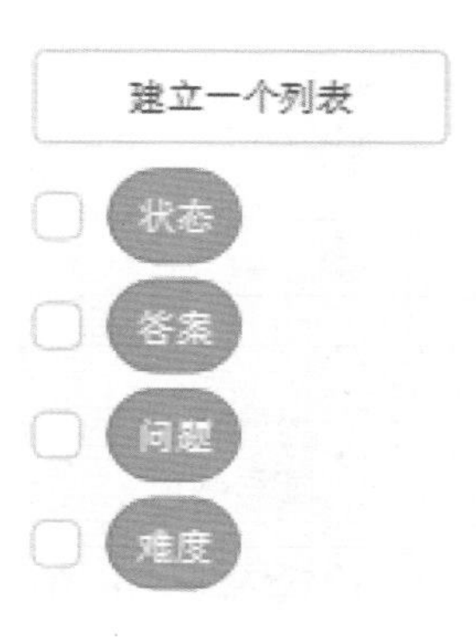

并在当绿旗被单击时对每个列表进行初始赋值，也就是“出题”，在赋值的时候必须逐一对应，也就是说第一个问题，对应着第一个答案，第一个难度，第一个状态。

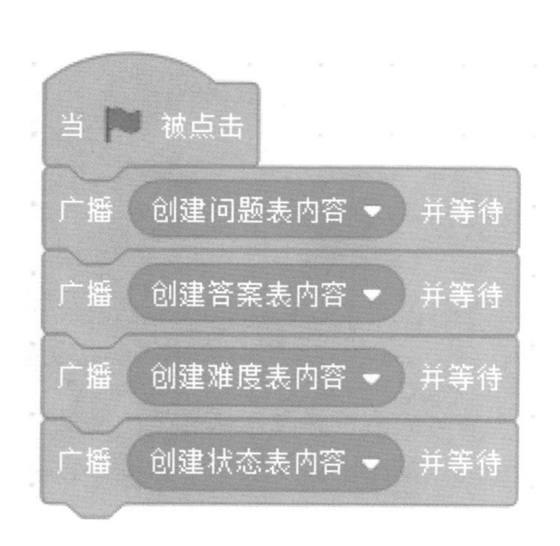

我们先广播 4 个消息并等待，然后分别对这 4 个消息编程，这样的编程习惯思路很清晰。

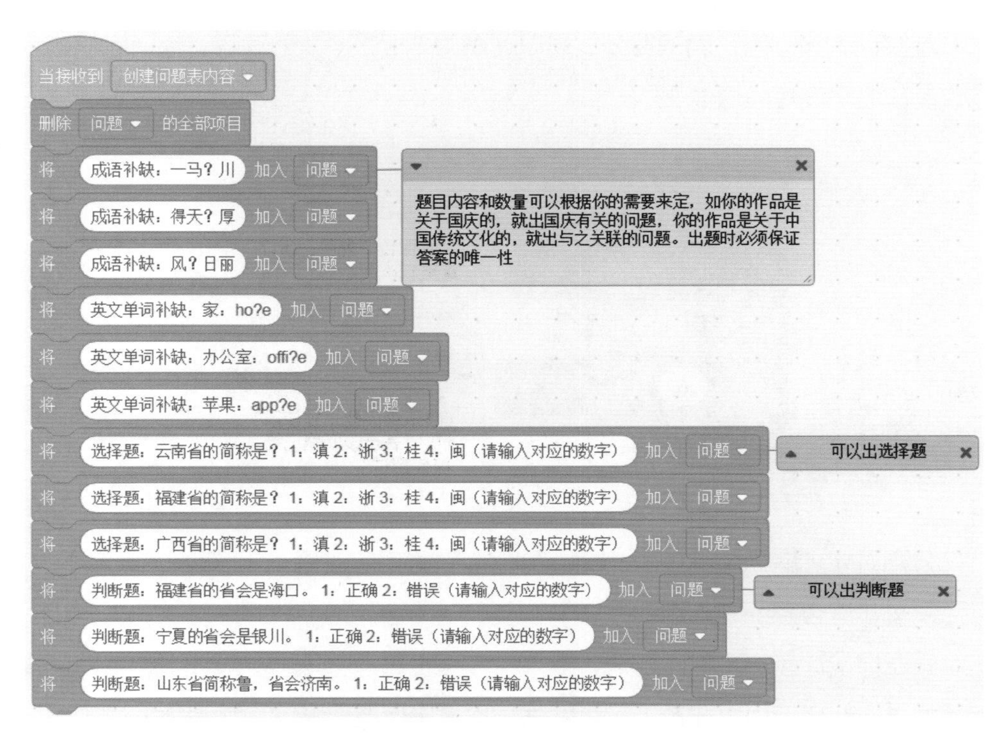
当接收到 创建问题表内容
删除 问题 的全部项目
将 成语补缺：一马？川 加入 问题
将 成语补缺：得天？厚 加入 问题
将 成语补缺：风？日丽 加入 问题
将 英文单词补缺：家：ho?e 加入 问题
将 英文单词补缺：办公室：offi?e 加入 问题
将 英文单词补缺：苹果：app?e 加入 问题
将 选择题：云南省的简称是？ 1：滇 2：浙 3：桂 4：闽（请输入对应的数字） 加入 问题
将 选择题：福建省的简称是？ 1：滇 2：浙 3：桂 4：闽（请输入对应的数字） 加入 问题
将 选择题：广西省的简称是？ 1：滇 2：浙 3：桂 4：闽（请输入对应的数字） 加入 问题
将 判断题：福建省的省会是海口。 1：正确 2：错误（请输入对应的数字） 加入 问题
将 判断题：宁夏的省会是银川。 1：正确 2：错误（请输入对应的数字） 加入 问题
将 判断题：山东省简称鲁，省会济南。 1：正确 2：错误（请输入对应的数字） 加入 问题
题目内容和数量可以根据你的需要来定，如你的作品是关于国庆的，就出国庆有关的问题，你的作品是关于中国传统文化的，就出与之关联的问题。出题时必须保证答案的唯一性
可以出选择题
可以出判断题

当接收到 创建答案表内容
删除 答案 的全部项目
将 平 加入 答案
将 独 加入 答案
将 和 加入 答案
将 m 加入 答案
将 c 加入 答案
将 l 加入 答案
将 1 加入 答案
将 4 加入 答案
将 3 加入 答案
将 2 加入 答案
将 1 加入 答案
将 1 加入 答案
答案的输入顺序必须和问题的顺序一致

当接收到 创建难度表内容
删除 难度 的全部项目
将 3 加入 难度
将 3 加入 难度
将 3 加入 难度
将 3 加入 难度
将 3 加入 难度
将 3 加入 难度
将 2 加入 难度
将 2 加入 难度
将 2 加入 难度
将 2 加入 难度
将 2 加入 难度
将 2 加入 难度

难度也就是回答正确的得分，可以理解为 3 分题，2 分题等，你可以根据题目难易程度来设定分值。

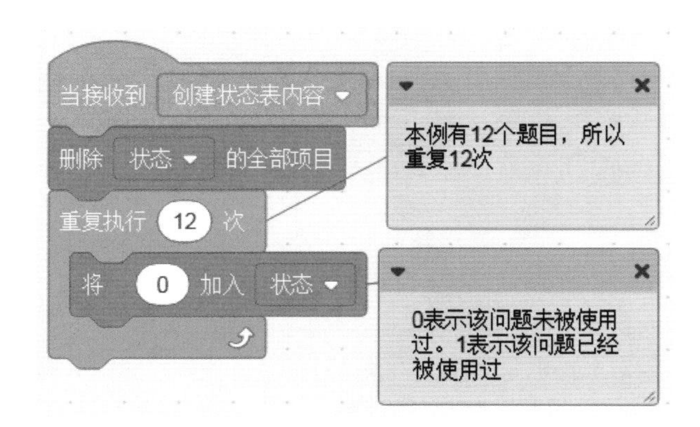

分别对 4 个消息编程如上，如此我们就在绿旗被单击后，创建好了题库系统。

怎么让这么系统融入你的作品中?

假设你设计了一个射击游戏，敌人一步一步逼近主角，一般按下空格键就发射子弹了，但是你可以在按下空格键后，不是马上发射子弹，而是需要调用以上系统，必须先回答问题，回答正确才可以发射子弹，否则不能发射，必须继续回答问题。

假设你设计了一个密室探险游戏，为了更方便地融入，在探险完毕到了每一个密室的最后，可以出现一个智慧老人，智慧老人会出题，你只有回答正确才能打开密室的门。

发挥你的聪明才智来设计吧！

编程实现：使用该题库

我们此处假设是按下空格键开始选题，当然你也可以是接收到某个消息开始选题。

创建一个“选题编号”的变量，我们要从“状态 =0”的题目中随机选题（0 表示还未使用过）。

题目被选中之后，需要将该编号题目的状态设定为 1，表示该题目已经被选中过。

新建一个“答题数量”的变量，记录已经回答问题数量。

新建一个“答题得分”的变量，回答正确则按照问题难度加分。

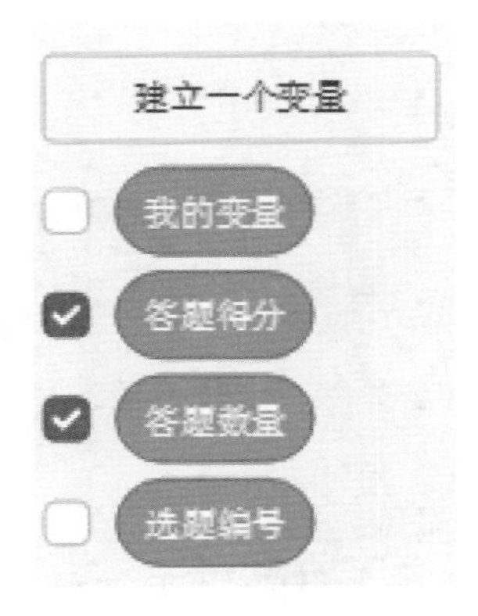

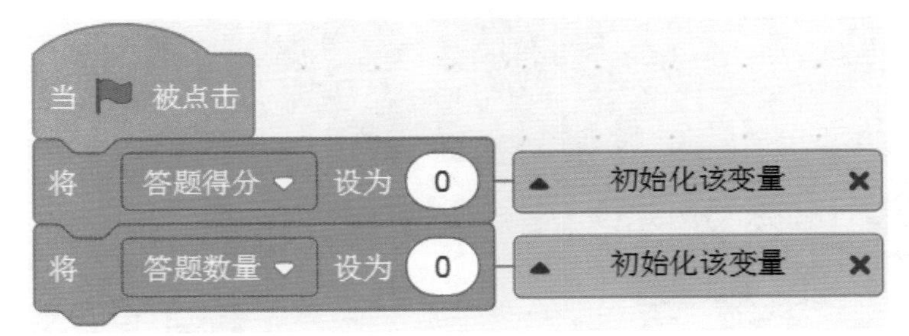

变量初始化。

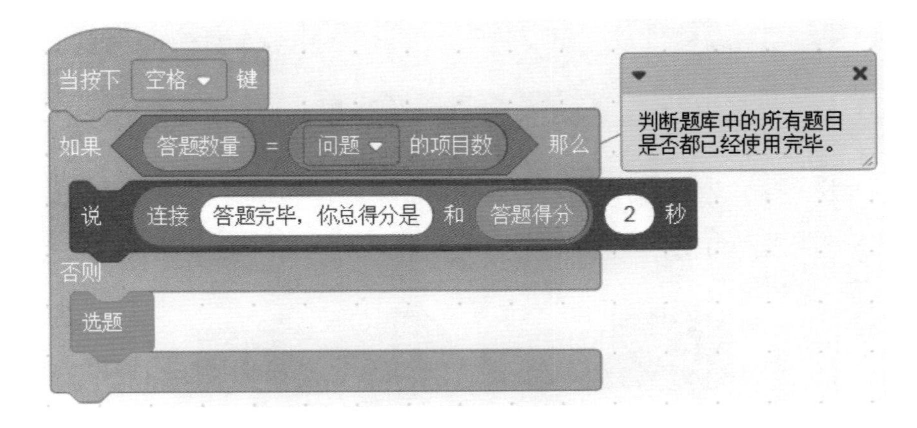

按下空格键后，判断题库中的所有题目是否均已经使用完毕；若使用完毕，则不能再选题。

每选题一个，变量“答题数量”增加 1。

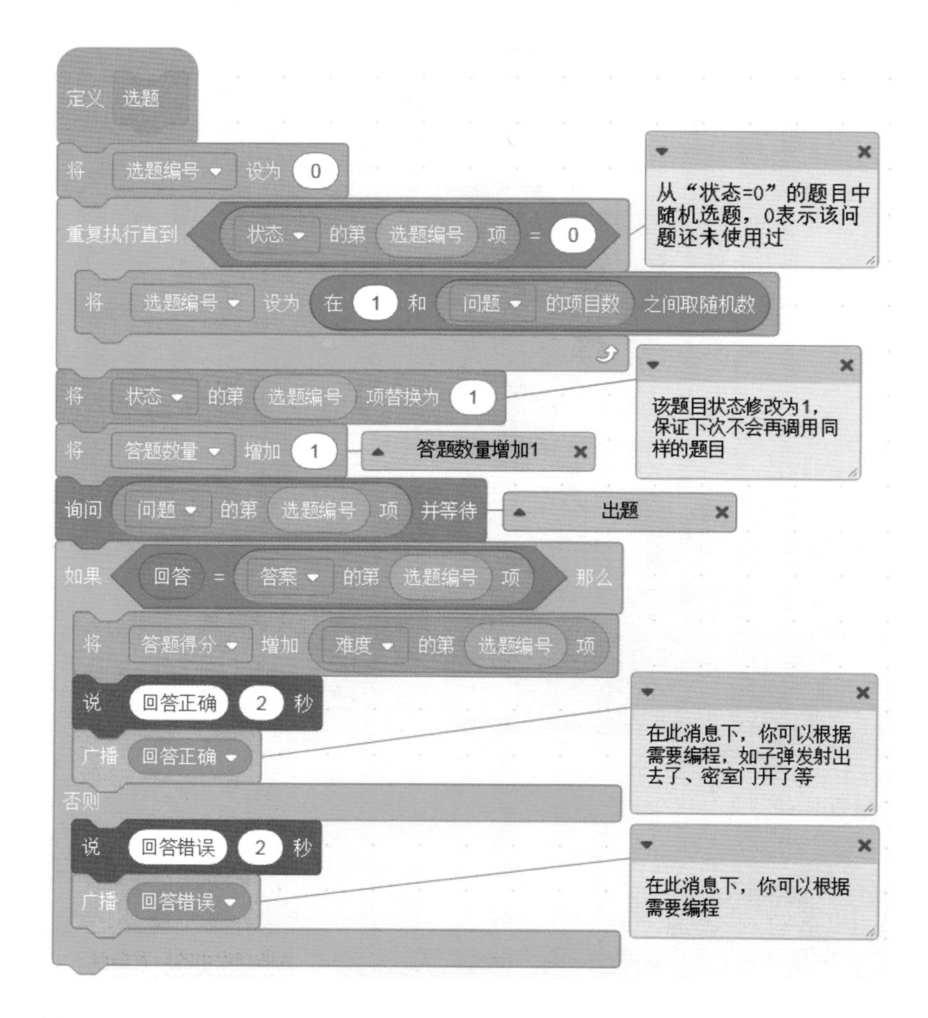

从“状态 =0”的问题中随机选择一个，然后需要将该问题状态修改为 1；答题数量、答题得分相应增加；最后进行判断，并广播不同的消息。

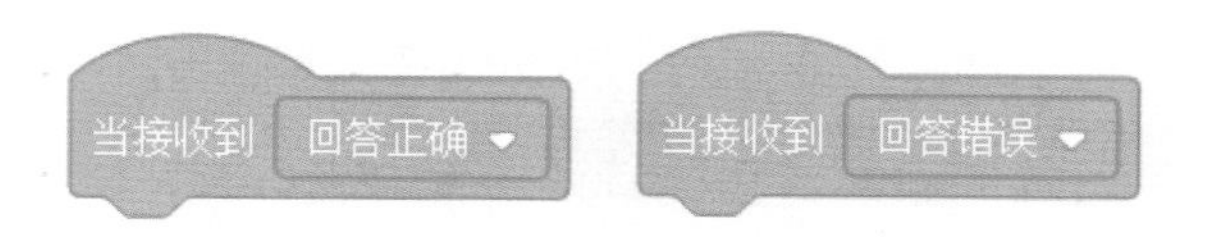

你可以根据需要在这两个积木下继续编程。

在很多编程大赛和活动中，题库系统可以很好地融入到你的比赛作品里！

案例4　公鸡跳跳棋

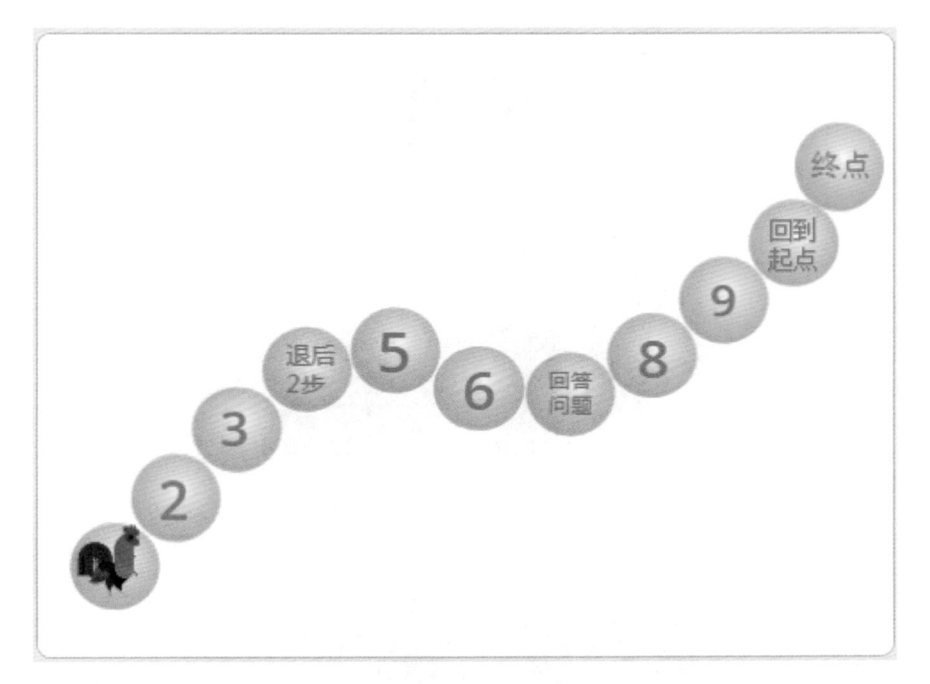

我们经常玩各种棋类游戏，往往要求主角要按照一定的路线运动，如上图所示，公鸡从起点出发，按下空格键，扔出骰子，然后需要按照骰子上的数字往前运动几个球，到对应的球做对应的事情，到终点后结束。

背景上有 11 个位置，若骰子数字是 5，则公鸡应该从起点→ 2 → 3 → 4 → 5，每个位置都有对应的 X 坐标和 Y 坐标，我们需要将 11 个点的坐标都保存起来，显然需要用到列表来预先保存每个位置的信息。

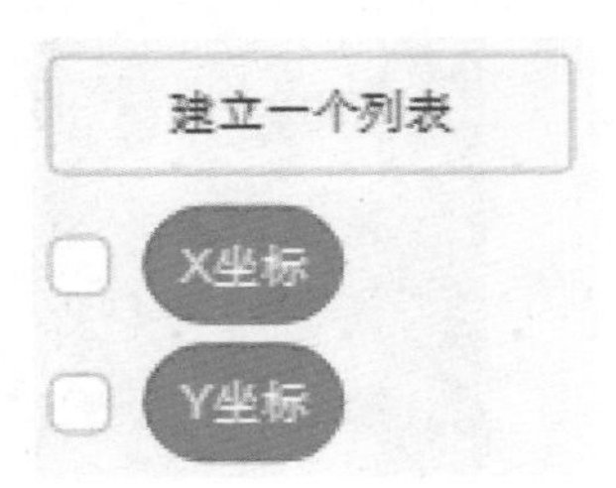

下面仅将有关列表的编程示范，其他编程此处省略。

公鸡编程——初始化。

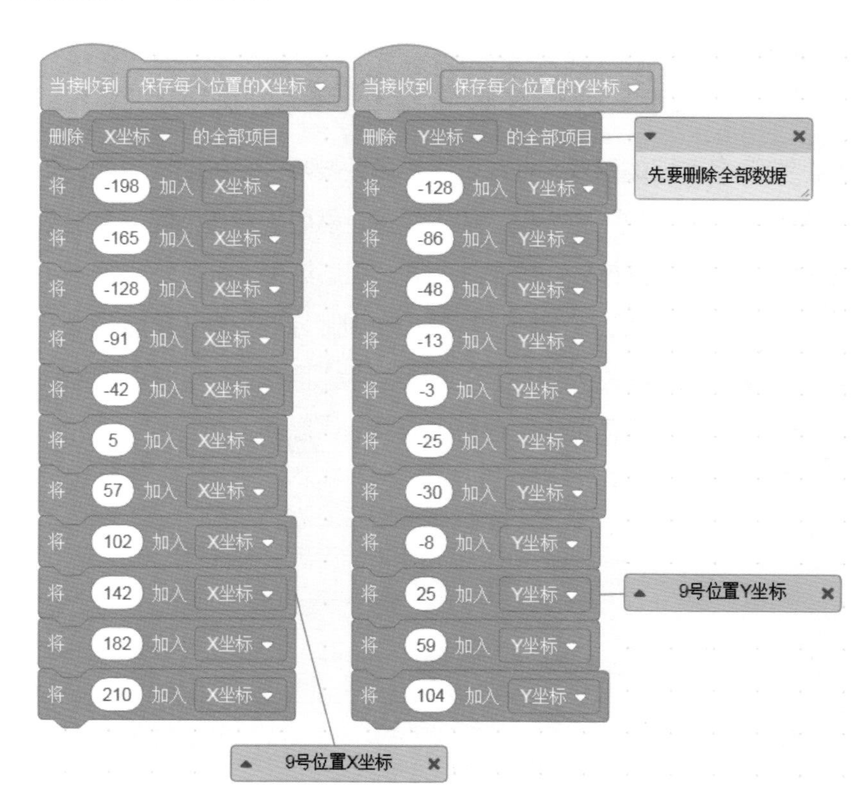

将 11 个位置的坐标按照顺序逐一对应的保存到列表里面。

怎么获得各个位置的坐标呢？可以用鼠标将公鸡拖动到对应位置，如下图就可以获得需要的信息。

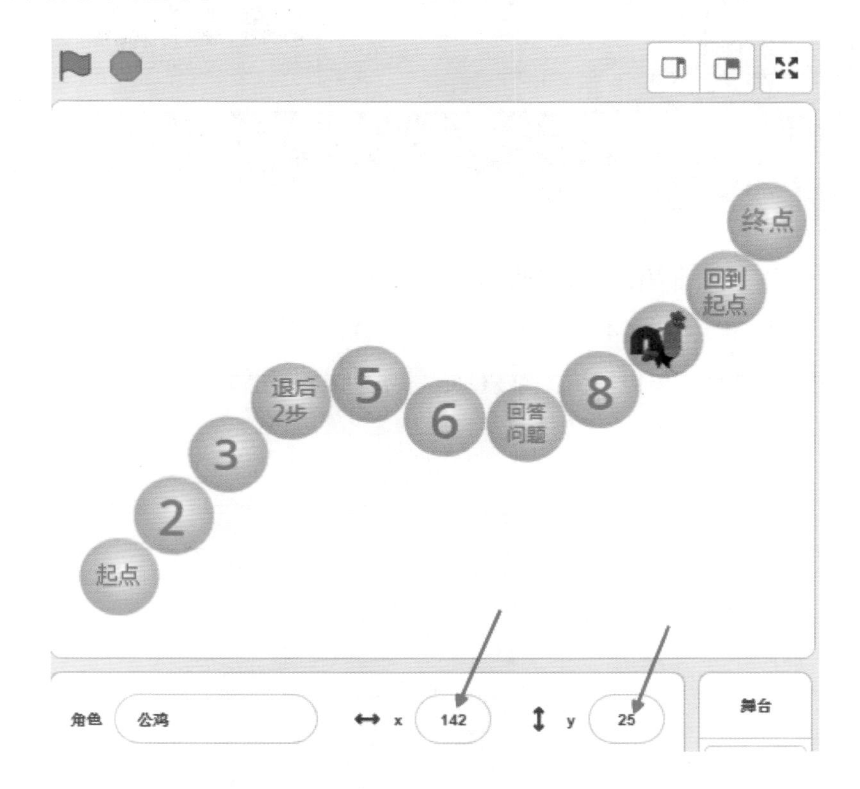

创建一个“随机数”变量，代表骰子上的数字。

创建一个“位置”变量，代表公鸡目前所在的位置。

按下空格键，获得一个随机数，公鸡要开始运动。

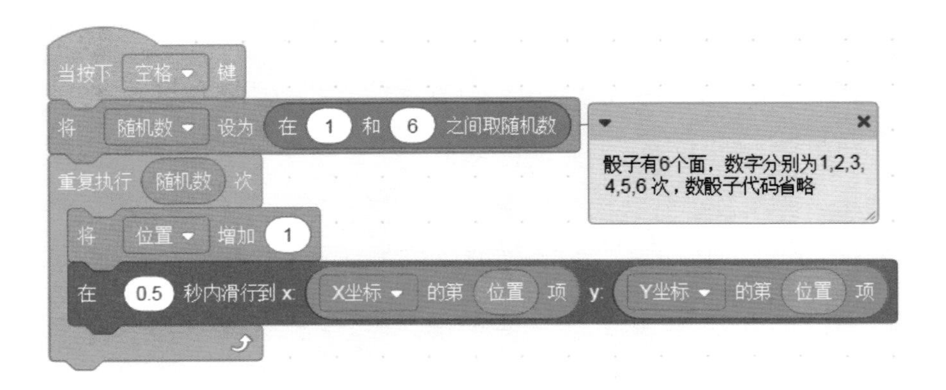

假设位置 =2，随机数 =3，则公鸡要先用 0.5 秒运动到 3 号（3=2+1）位置，再用 0.5 秒运动到 4 号（4=3+1）位置，再用 0.5 秒运动到 5 号（5=4+1）位置。

此案例只展示出关键代码，感兴趣的读者可以去完善。

第6章 条件

计算机给我们的感觉是很聪明，很智能，那为什么会这么聪明和智能呢？关键是我们编程里面的条件语句和逻辑判断。

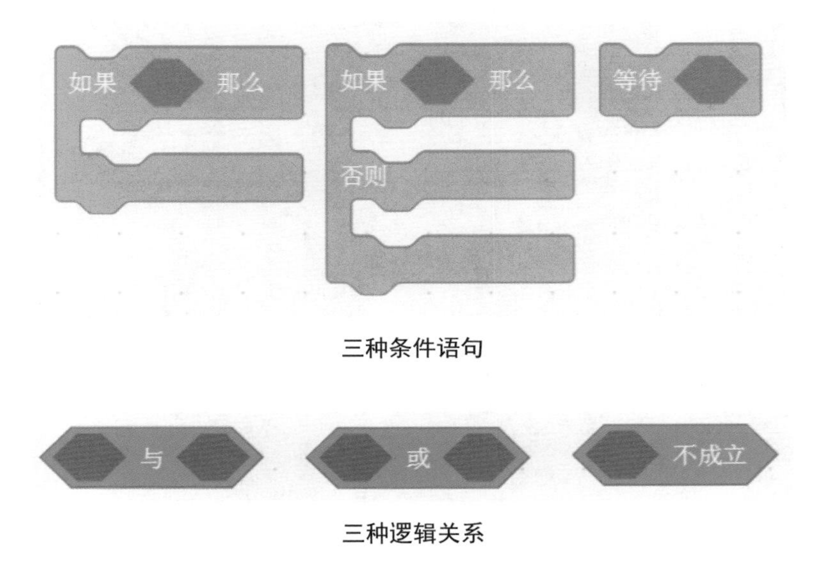

三种条件语句

三种逻辑关系

案例1 商场打折

三八妇女节，“向阳花”商场优惠活动规定，某商品一次性购买7件以上（含7件）10件以下（不包含10件）打9折，一次性购买10件以上（包含10件）打8折。设计程序根据单价和客户的购买量计算总价，并按照格式“需要付费总价是：??? 元”输出2秒，“???”表示实际金额。

程序界面

显然，需要创建变量。创建一个变量 pr 表示商品单价，cc 表示购买商品数量，zhekou 表示对应折扣，am 表示客户应该付费金额。

根据题意，折扣和商品数量的关系如下表所示。

zhekou(折扣)	cc（购买商品数量）
1	cc<7
0.9	7≤cc<10
0.8	cc≥10

客户应该付费金额：am=pr*cc*zhekou。

编程如下。

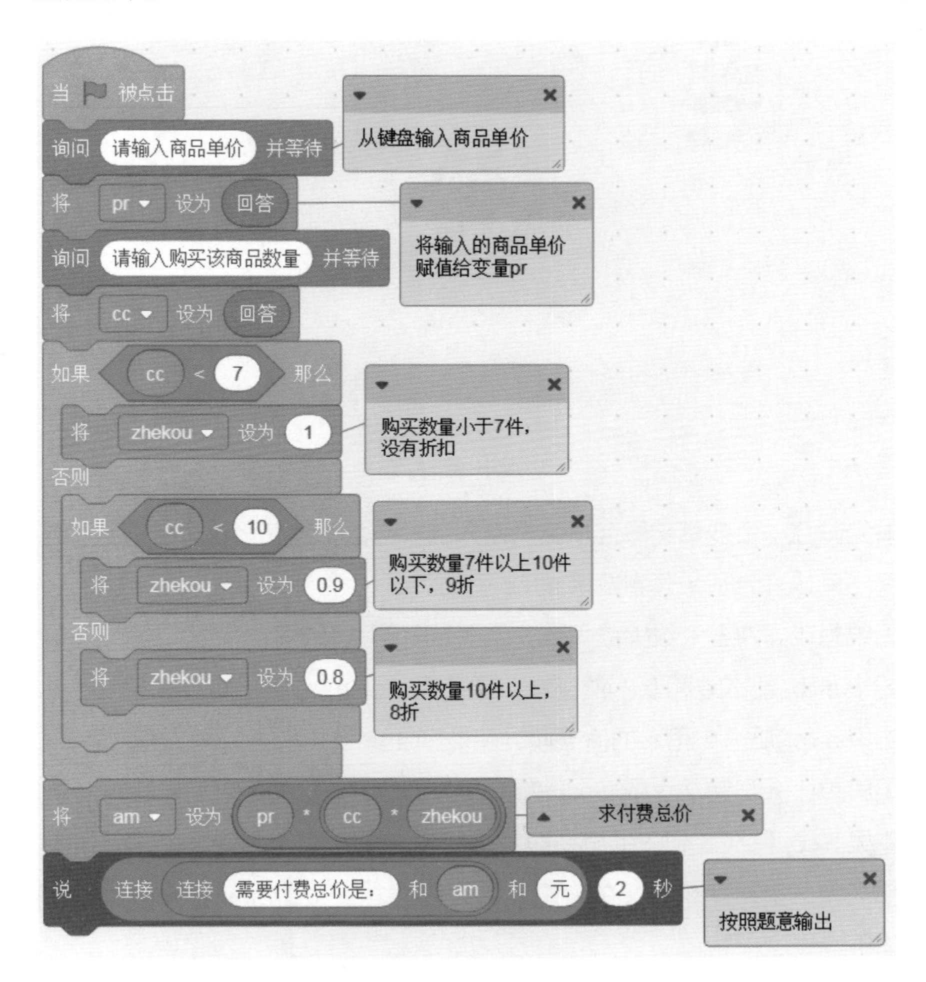

案例2 最大组合

输入一个任意的三位数，输出由这个三位数的三个数字构成的最大数。

如：输入 576，则输出最大数 765；输入 123，则输出最大数 321。

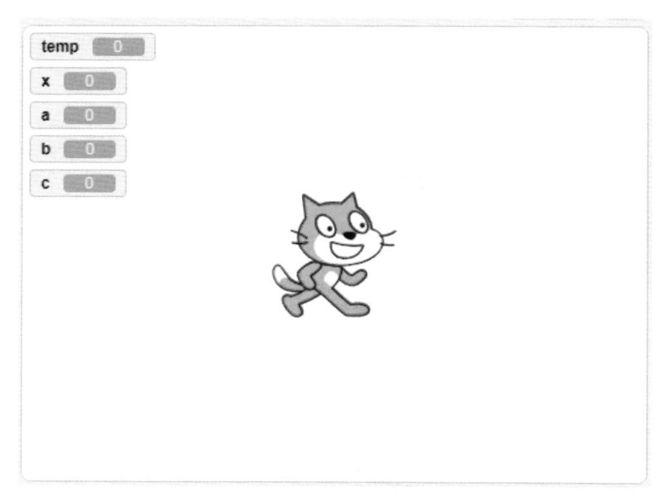

程序界面

首先设立一个变量 x 保存从键盘输入的三位数，然后将这个三位数的各个数字分离出来，并分别保存到变量 a,b,c 里面。

如果想让 a 为三个数中最大数，怎么做呢？

如果 a<b, 那么 a 和 b 的值交换，保证了 a ≥ b;

如果 a<c, 那么 a 和 c 的值交换，保证了 a ≥ c;

如果想让 b 为第 2 大的数，c 为第 3 大的数，怎么做呢？

如果 b<c, 那么 b 和 c 的值交换，保证了 b ≥ c。

那么怎么交换两个变量的值呢？需要再设立一个中间变量 temp 作为桥梁，代码如下：

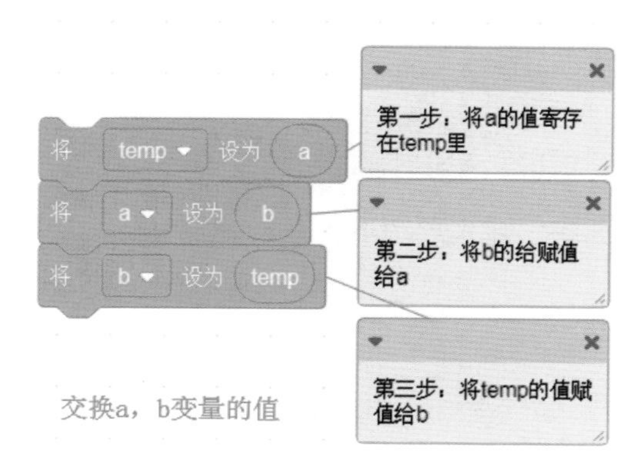

交换a，b变量的值

编程如下：

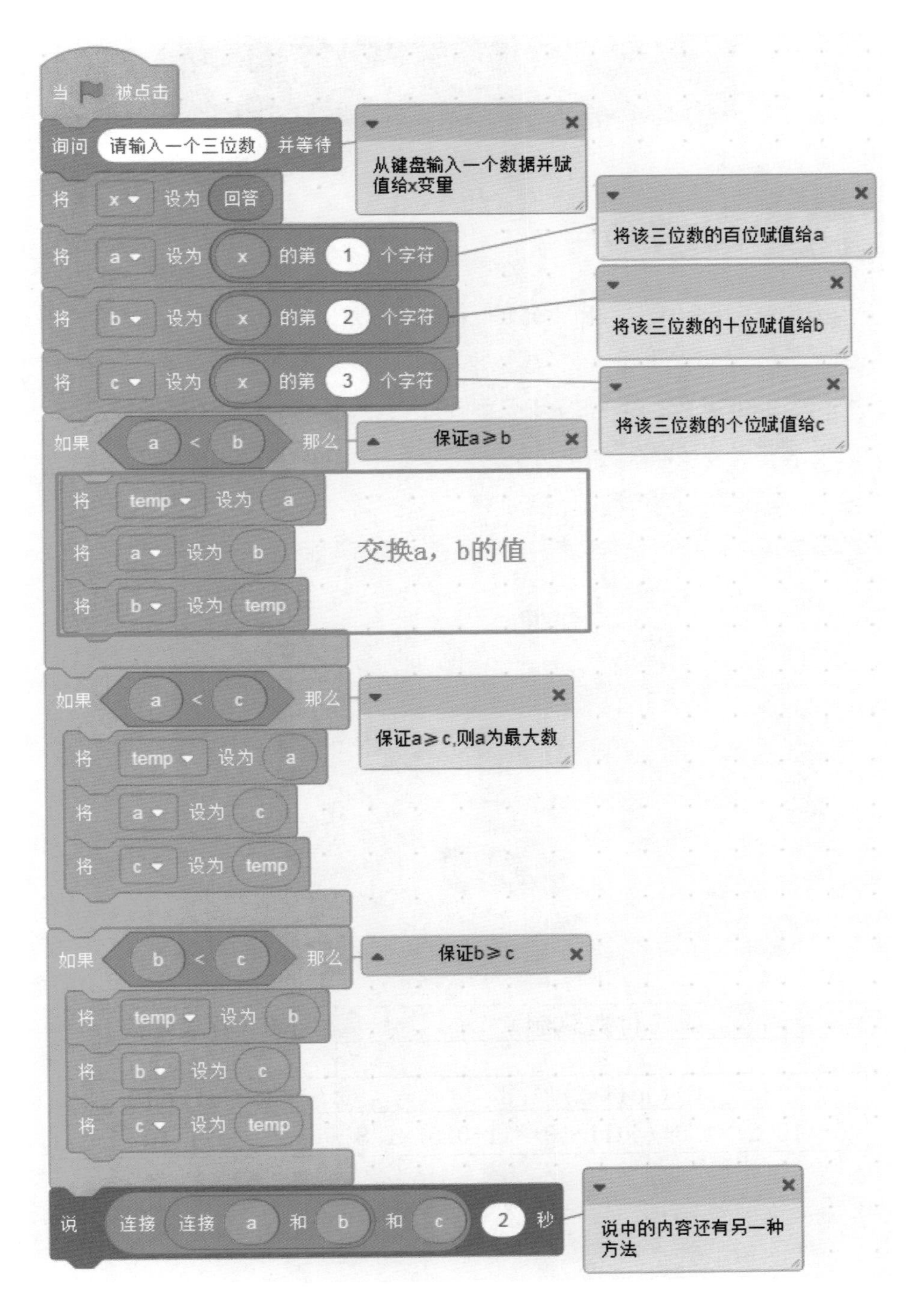
当 被点击
询问 请输入一个三位数 并等待
从键盘输入一个数据并赋值给x变量
将 x 设为 回答
将 a 设为 x 的第 1 个字符
将该三位数的百位赋值给a
将 b 设为 x 的第 2 个字符
将该三位数的十位赋值给b
将 c 设为 x 的第 3 个字符
将该三位数的个位赋值给c
如果 a < b 那么
保证a≥b
将 temp 设为 a
将 a 设为 b
将 b 设为 temp
交换a，b的值
如果 a < c 那么
保证a≥c,则a为最大数
将 temp 设为 a
将 a 设为 c
将 c 设为 temp
如果 b < c 那么
保证b≥c
将 temp 设为 b
将 b 设为 c
将 c 设为 temp
说 连接 连接 a 和 b 和 c 2 秒
说中的内容还有另一种方法

以下为说中内容的另一种表示方法，建议采用这种方法，更符合数学原理。

案例3 打车费用

贝贝和克克去打车，司机告诉他们付费规则是：

（1）行驶距离小于等于 2 公里，付费 6 元；超过 2 公里，每公里另外付费 1.8 元；超过 10 公里，在 1.8 元 / 公里的基础上加价 50%。

（2）停车等候按照 3 分钟 2 元付费，不足 3 分钟不需要付费。

已知行驶距离和等候时间，请计算付费总额。

创建变量 juli 表示行驶距离，shijian 表示等候时间，am 表示付费总额。

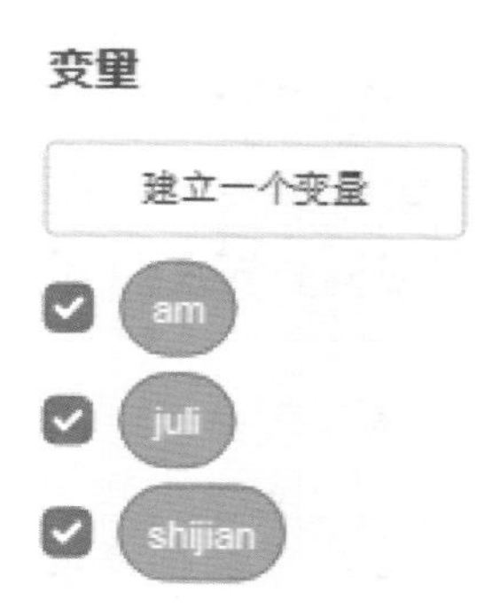

先不考虑时间的付费，根据题意，付费总额和行驶距离的关系如下：

am（付费总额）	juli（行驶距离）
6	juli≤2
6+(juli-2)×1.8	2<juli≤10
6+(10-2)×1.8+(juli-10)×(1+0.5)×1.8	juli>10

停车等候每 3 分钟 2 元，不足 3 分钟不需要付费。如：

2 分钟：不付费。

7 分钟：里面有 2 个 3 分钟，付费 2X2=4 元，多出的 1 分钟不需要付费。

停车付费金额可以用如下积木编程表示。

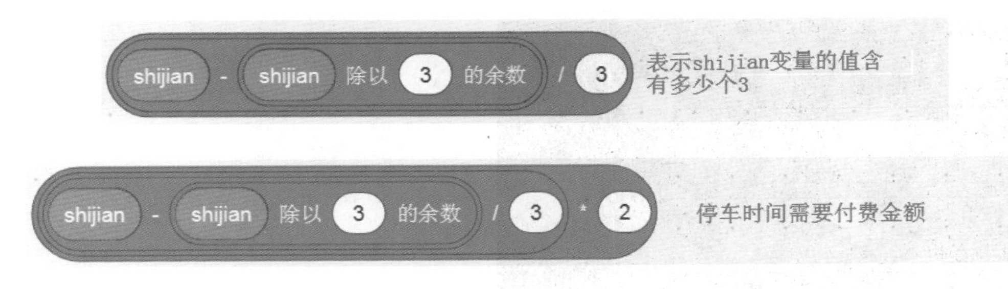

编程如下：

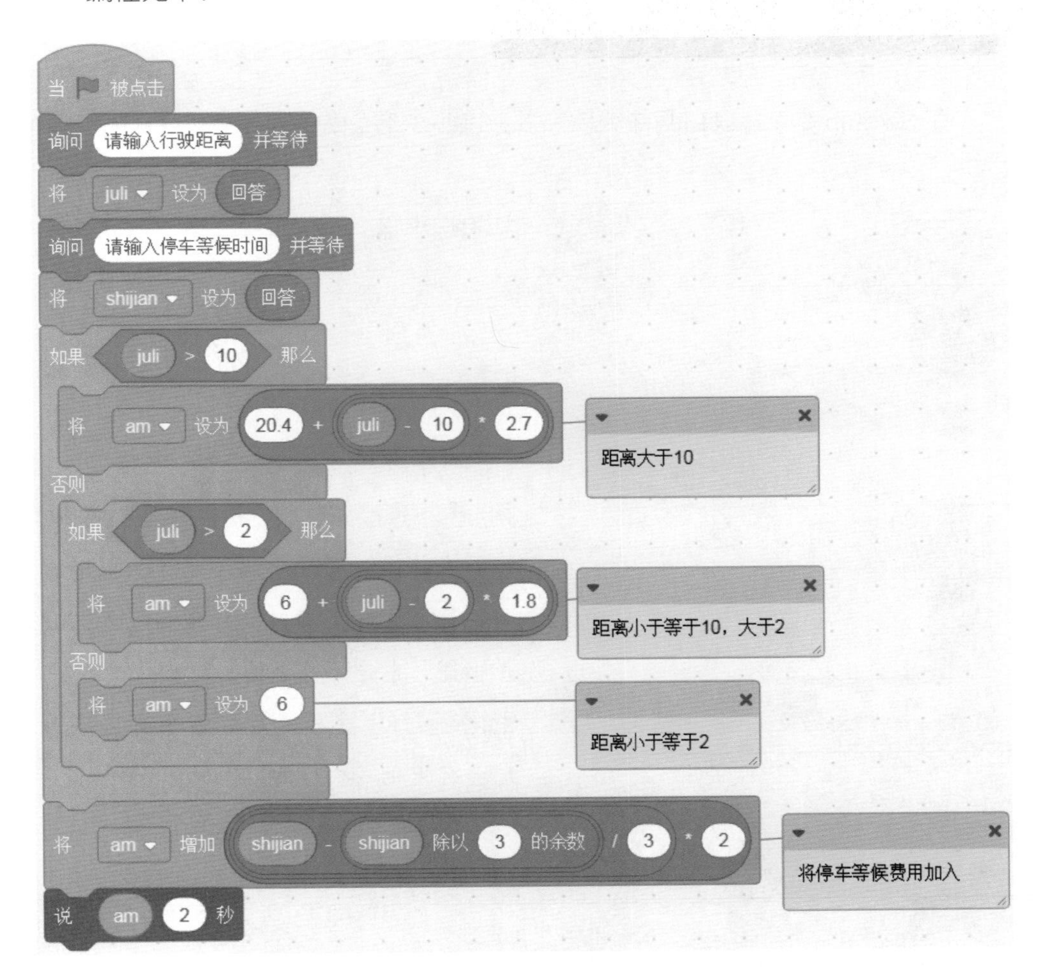

案例4 神奇的小猫

编程效果：小猫跟随鼠标走在黑暗的夜晚，它会一直说出自己的位置，当它完全在黑暗中时，它会隐身，它在两种情况下会现身，一种是碰到边缘，一种是同时碰到绿色安全屋和黑色夜晚。

在Scratch中，隐身有两种编程方式来实现，我们先来体验一下有什么不同之处。

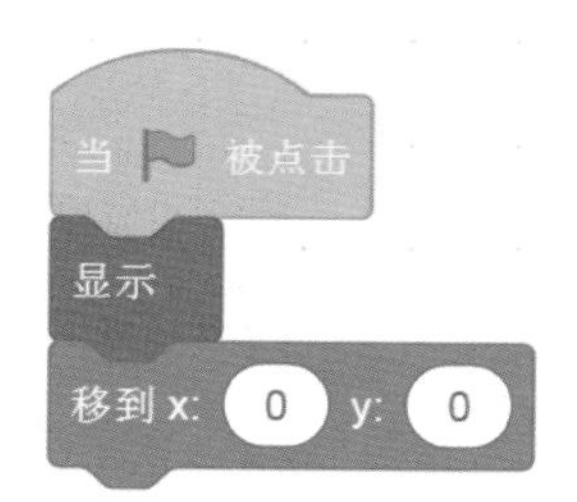

初始化小猫

```
当按下 空格 ▾ 键
显示
隐藏
说 你好！ 2 秒
重复执行
    移到 鼠标指针 ▾
    如果 碰到颜色 ? 那么
        说 我是小猫 2 秒
```

第一种隐身方式：使用“隐藏”指令。按下空格键，发现小猫不见了，同时也看不见“你好”，即时鼠标碰到绿色，“我是小猫”也是不可见的。

由此可见，“隐藏”后的指令可以认为是没有被正常执行的。

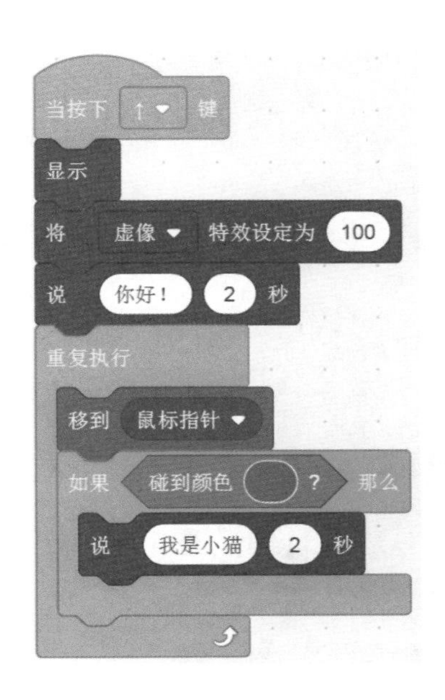

第二种隐身方式：使用“将虚像特效设定为100”指令。按下上移键，发现小猫不见了，“你好”可见，鼠标碰到绿色，“我是小猫”也可见。

由此可见，“将虚像特效设定为100”后的指令可以认为是被正常执行的。

由此可见，该案例应该采用“将虚像特效设定为100”指令来达到隐身效果。

编程如下：

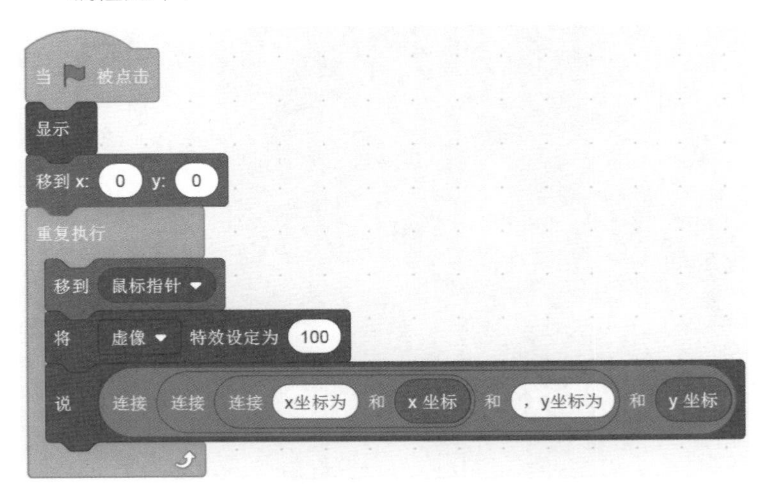

隐身并一直跟随鼠标移动和说出自己的即时位置。使用了连接指令和x坐标，y坐标系统变量。

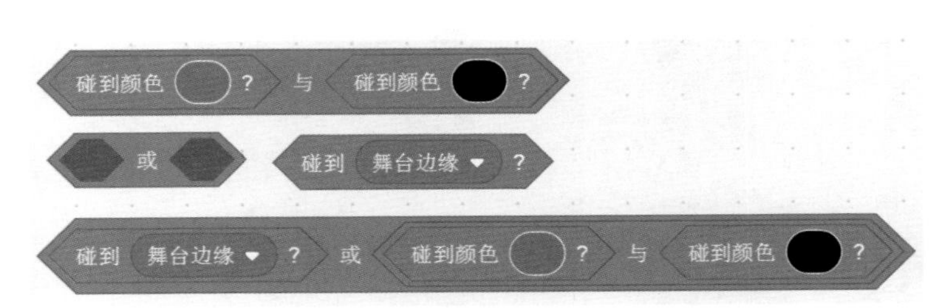

“碰到边缘”要现身或者同时“碰到绿色安全屋”和“黑色夜晚”。

本案例完成代码如下：

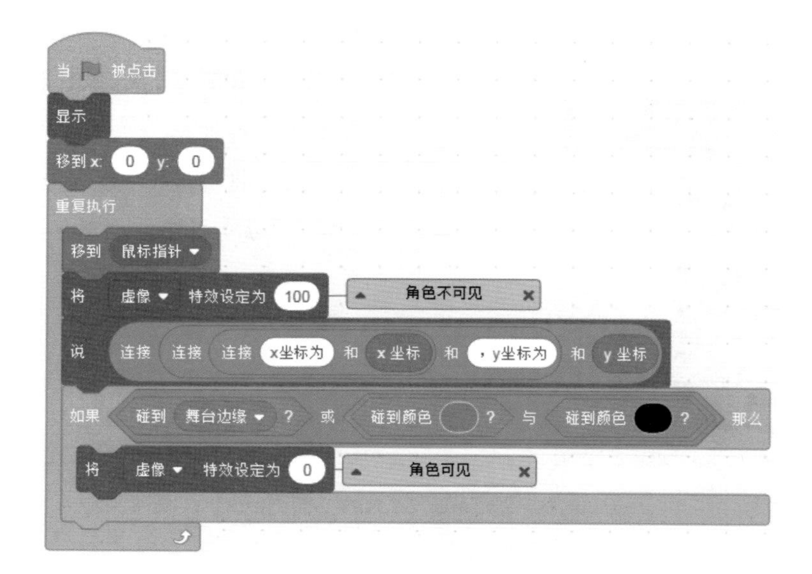
当 被点击
显示
移到x: 0 y: 0
重复执行
移到 鼠标指针
将 虚像 特效设定为 100
角色不可见
说 连接 连接 连接 x坐标为 和 x 坐标 和 ，y坐标为 和 y 坐标
如果 碰到 舞台边缘 ? 或 碰到颜色 ? 与 碰到颜色 ? 那么
将 虚像 特效设定为 0
角色可见

第7章 神笔马良

用编程来画画，效果非常直观，孩子非常喜欢。

编程画画要注意分析图案，找到第一次落笔点和落笔方向，并能发现连线之间的角度关系，可以通过改变画笔颜色、饱和度、亮度、透明度、粗线得到各种效果，同时要注意抬笔和落笔的位置。

案例1 3D 米字

该图案有明暗的感觉，显然亮度有变化，我们可以这样来理解这个图案：先用粗的、亮度低的笔画一个“米”字，然后将笔变细，亮度变亮重复 50 次画米字。

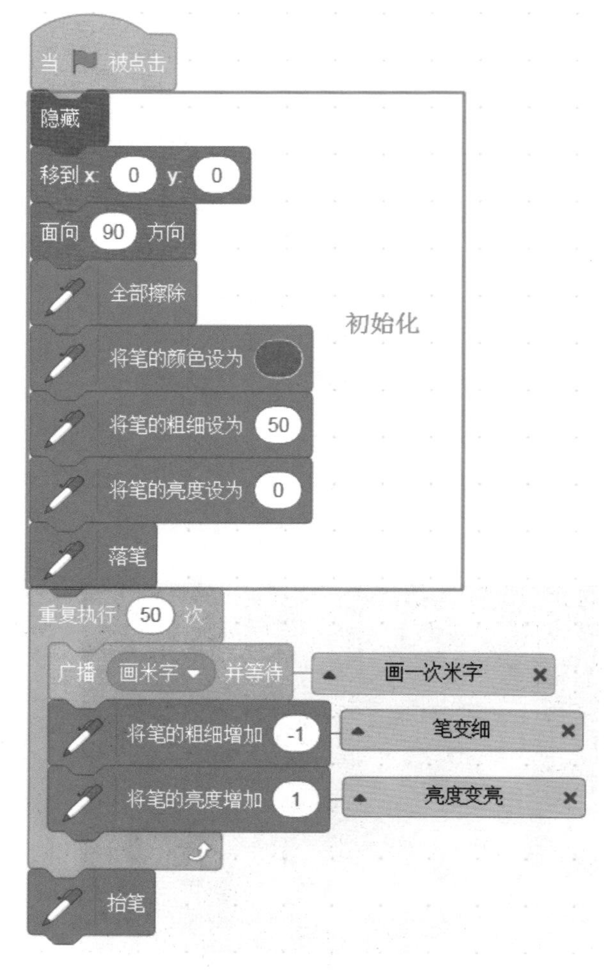

主程序

米字程序

独立编程：这样通电的棒棒怎么画？

正方形金字塔

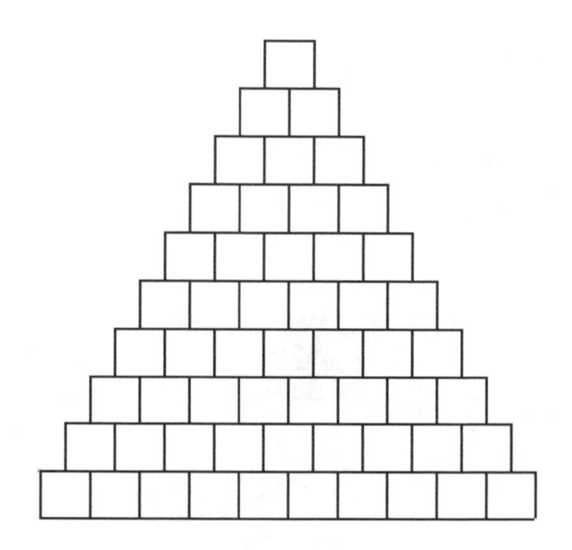

图案合计有 10 层，第 1 层 10 个长度为 20 的正方形，第 2 层 9 个，……，最后一层 1 个。

先自制一个积木，画一个长度为 20 的正方形。

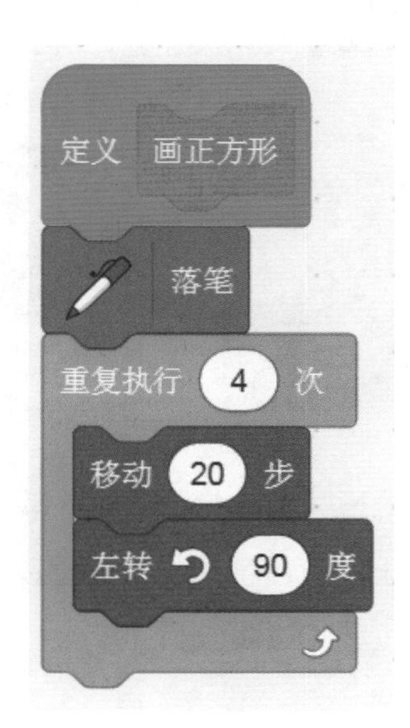

然后我们更进一步解决问题，画第一层 10 个正方形，新建一个变量 i，并赋值为 10，编程如下：

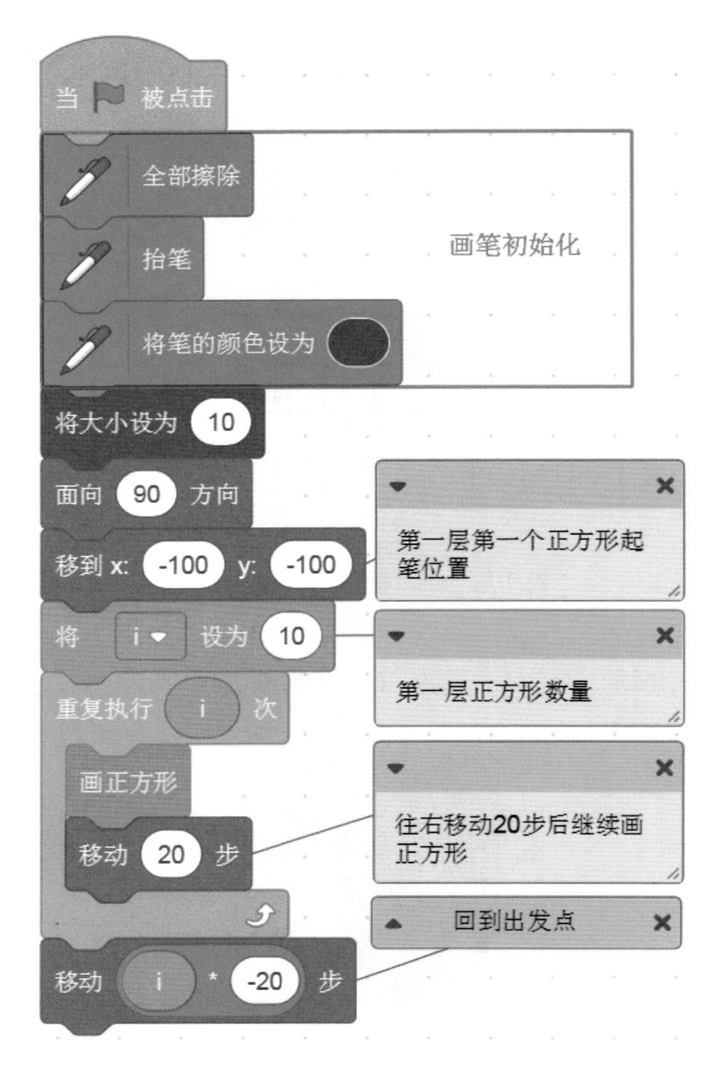

第二层是 9 个正方形，第三层是 8 个正方形，都是比上一级少 1 个。

每一层第一个正方形的出发位置都和上一级出发位置有关，关系是：y 坐标增加 20，x 坐标增加 10，所以整体编程如下：

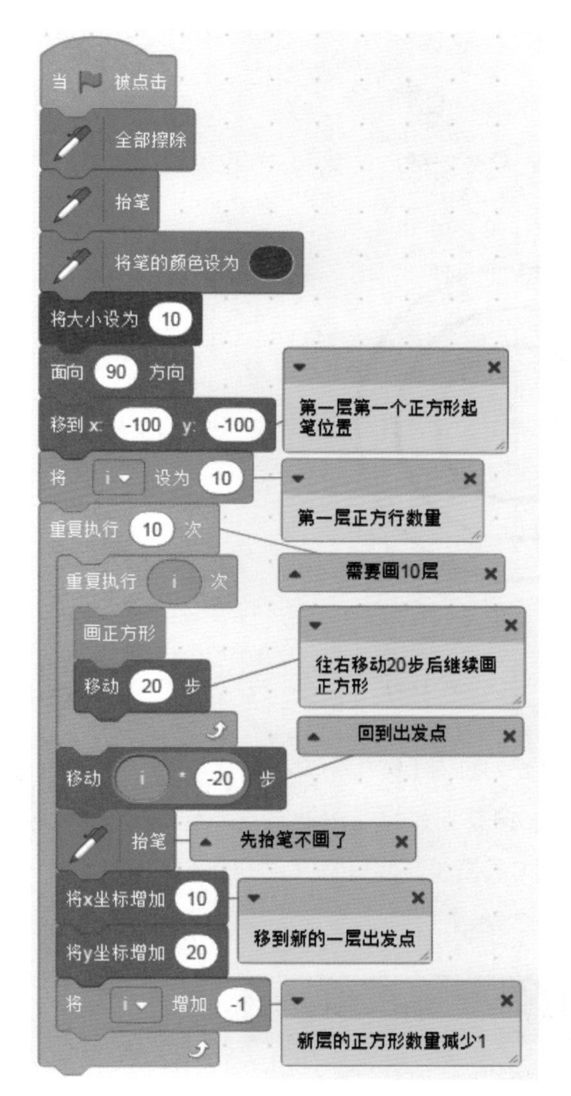

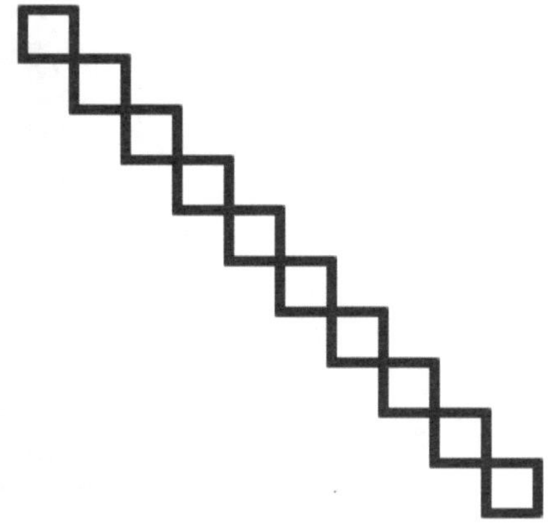

独立编程：你能画出以上 10 个正方形吗？

案例3 画同心圆

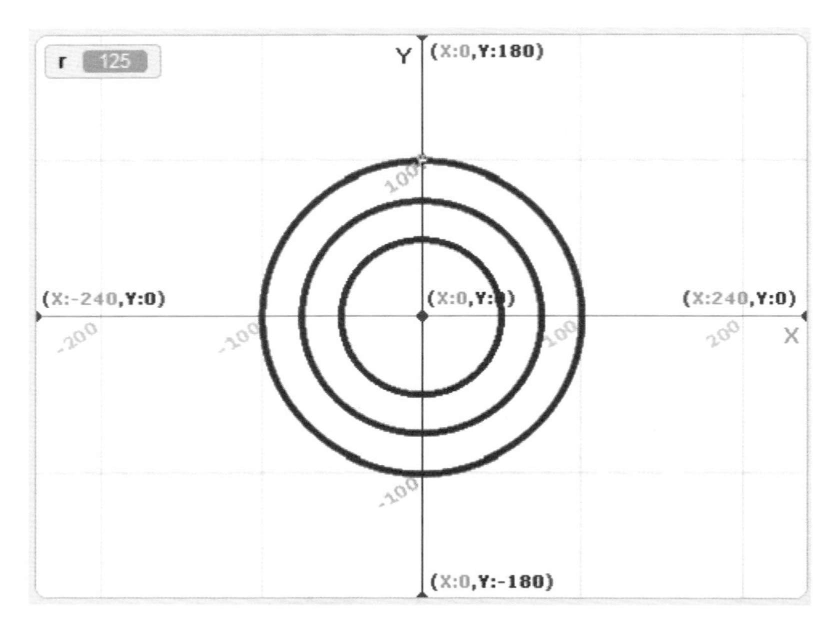

画三个同心圆，圆心是（0,0），半径分别为 50,75,100。

这个问题等同于已知圆心和半径，画圆。我们可以把圆看做是 360 段等距离的直线，每段直线之间的夹角是 1 度，该直线长度 = 圆的周长 /360。

自制一个带参数的积木，这里有三个参数：圆心 x 坐标、圆心 y 坐标、半径 r。

编程如下：

只要调用该积木，就可以画各种已经圆心和半径的圆了。

画出三个同心圆的编程如下：

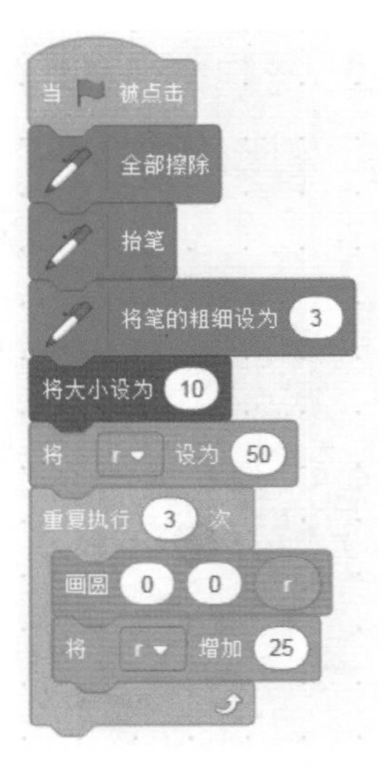

案例4 惊艳临摹

舞台左边区域是临摹角色，右边是临摹效果。

临摹角色在舞台左边区域，坐标范围是 $0 \geqslant x \geqslant -240, 180 \geqslant y \geqslant -180$，可以理解为 $240 \times 360=86400$ 个单位点构成，我们自创一个“笔”角色，该角色就是一个足够小的黑点。

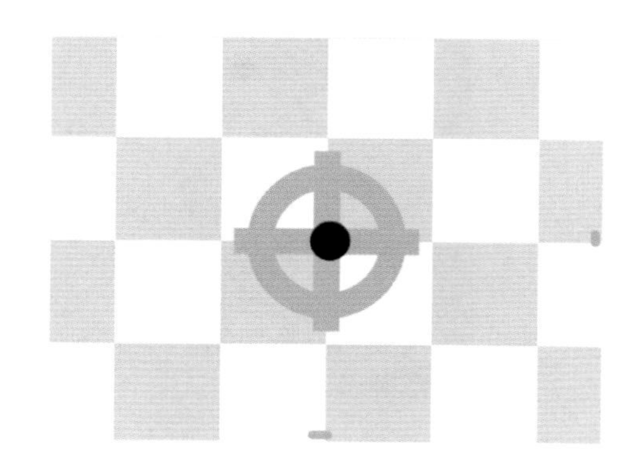

让“笔”来逐行逐列扫描舞台左边每一个单位点，当碰到不是白色的点（舞台都是白色）就在右边对称点做一个图章即可，对“笔”编程如下：

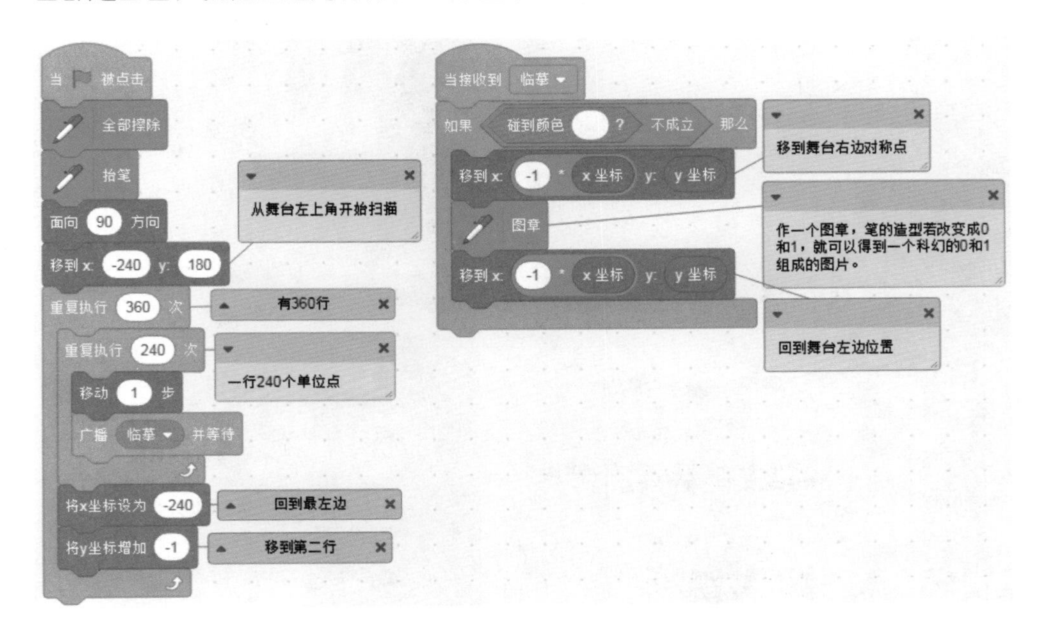

你可以改变笔的造型，就可以得到不同的临摹效果，试试吧！

在运行该案例时，建议在“加速模式”下。

案例5　实心·画图

画一个实心正方形。

合计 3 个方法，方法 1、方法 2 分别如下：

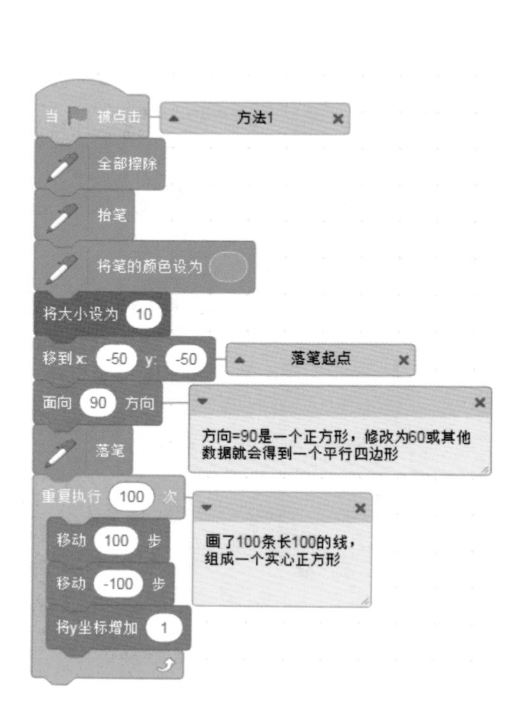

方法 1

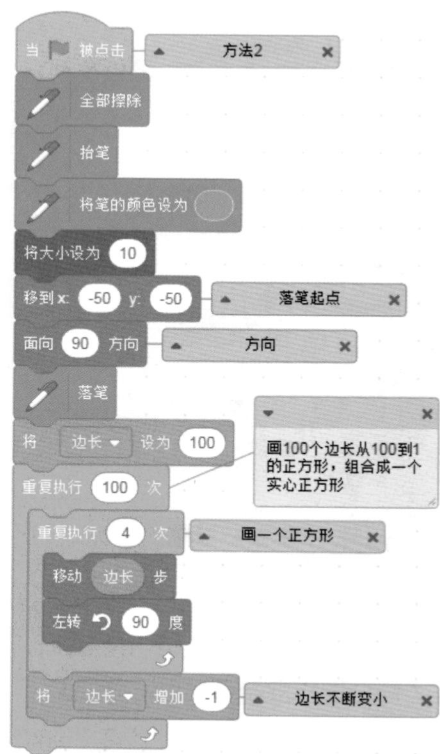

方法 2

第 3 个方法如下。

如下图所示，我们可以一个单位点一个单位点的画外框，每画一个单位点，就和该实心图形的近似中心点连线，然后又回到该单位点位置，如此不断循环直到外框画完毕，这是一个通用画实心图形的方法。

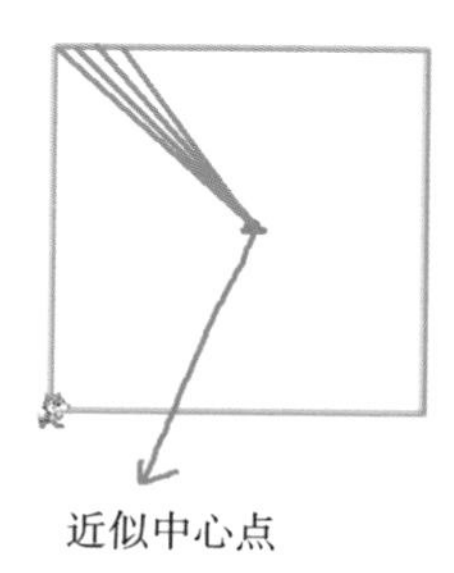

编程如下：

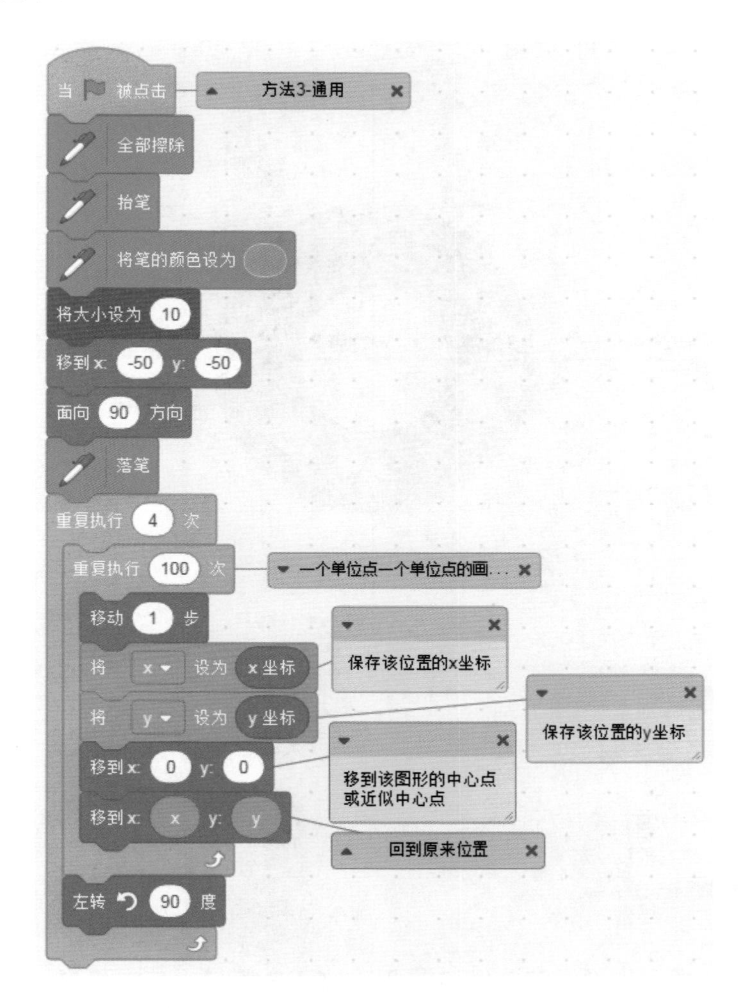

编程：请画出如下两个五角星，第一个为普通的实心五角星，第二个五角星有颜色的变化和透明度的变化。

案例6 神奇打点

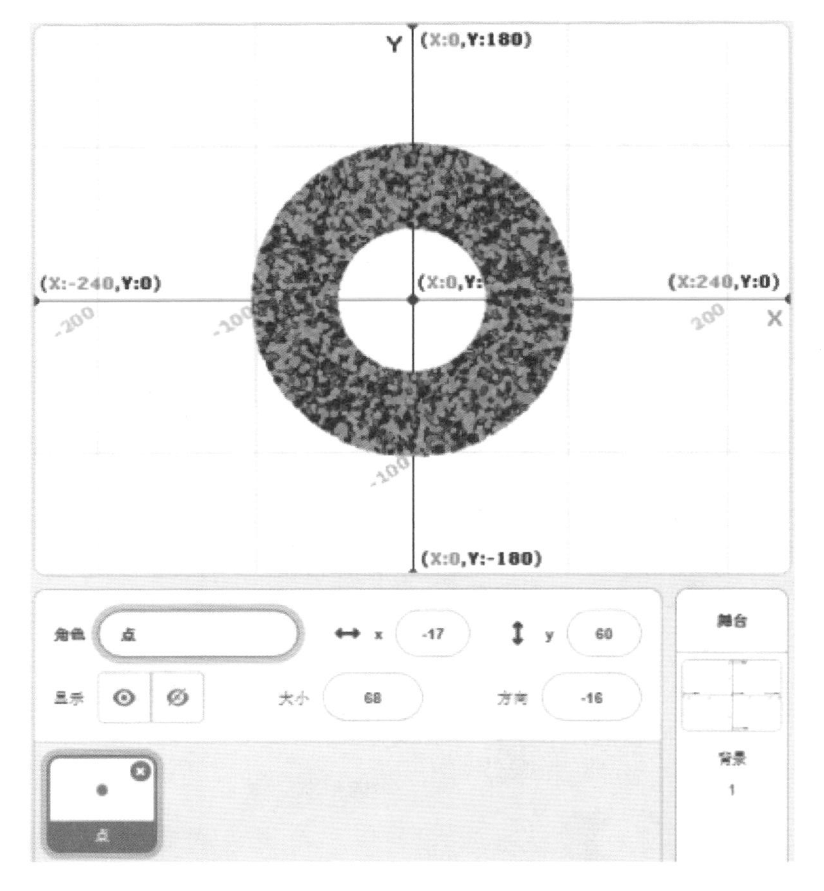

上图是一个色彩斑斓的中心位置在（0,0）的圆环，非常漂亮，其实编程原理并不复杂，主要是利用了随机数、图形特性和图章，先自创一个角色：一个红色的点。

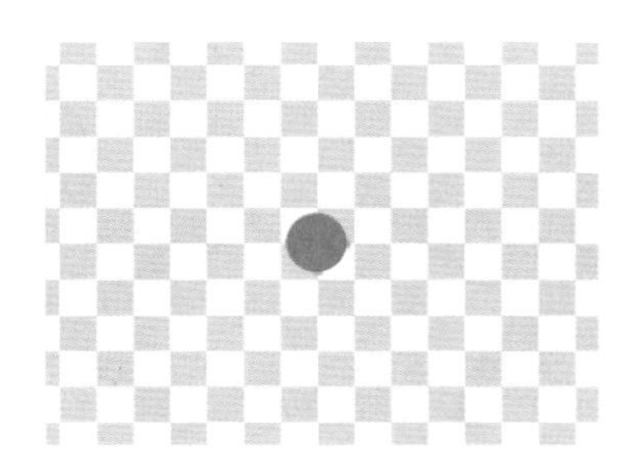

编程如下：

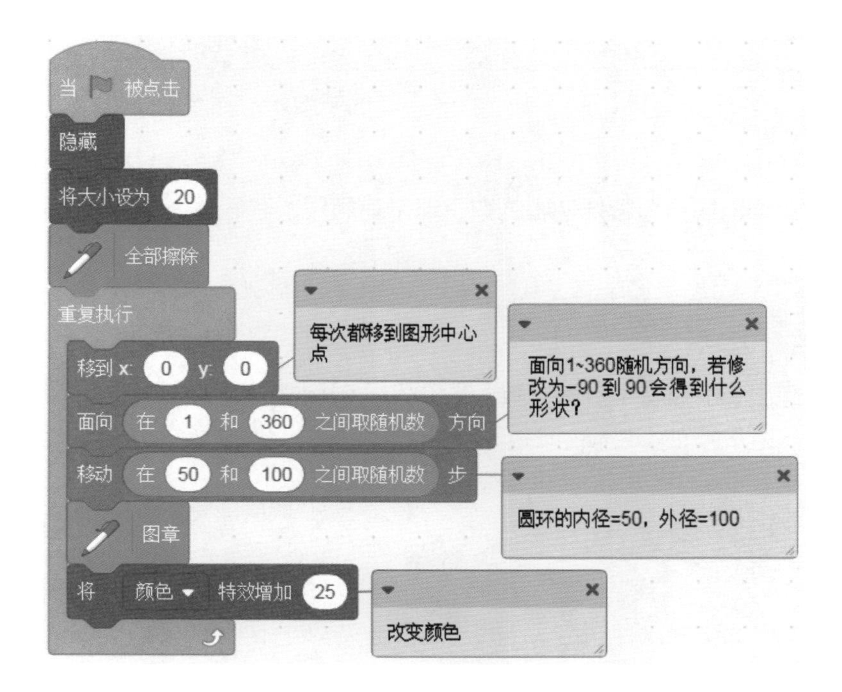

独立编程：

第一个：半圆环；第二个：扇形；第三个：实心圆；第四个：实心椭圆；第五个：抛物线。

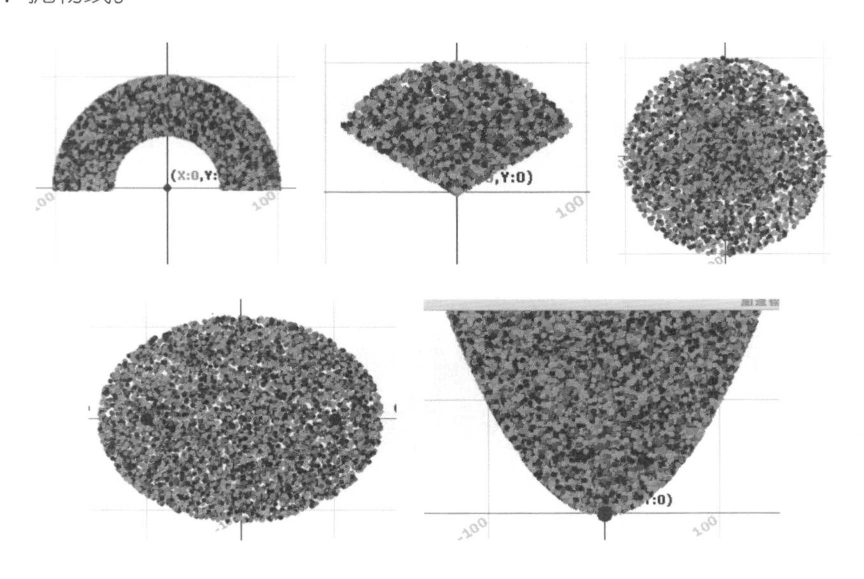

编程和数

在整数中有很多有特殊性质的数，非常有意思，我们逐一编程体验。

小猫报数

点击绿旗，小猫从 1 开始报数，每个数报 0.1 秒，报到 100 停止，偶数不报。

在编程中，只有三种结构，分别是顺序结构、循环结构、分支结构，“1 报到 100”显然可以用循环，“偶数不报”这是一个条件，需要使用分支结构。

先创建一个变量 i，用来表示 1,2,3,4,5，…，100 这些数据。

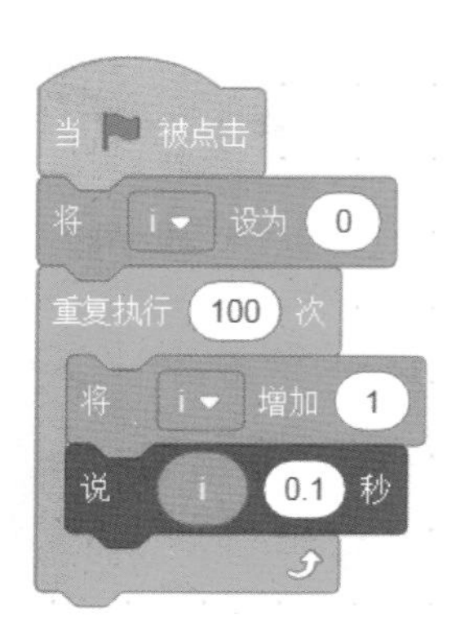

以上代码得到了 100 个数，分别是 1,2,3,4,5，…，100，并将每一个数都报

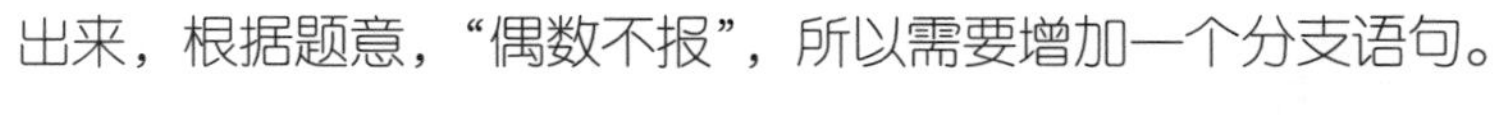
出来，根据题意，“偶数不报”，所以需要增加一个分支语句。

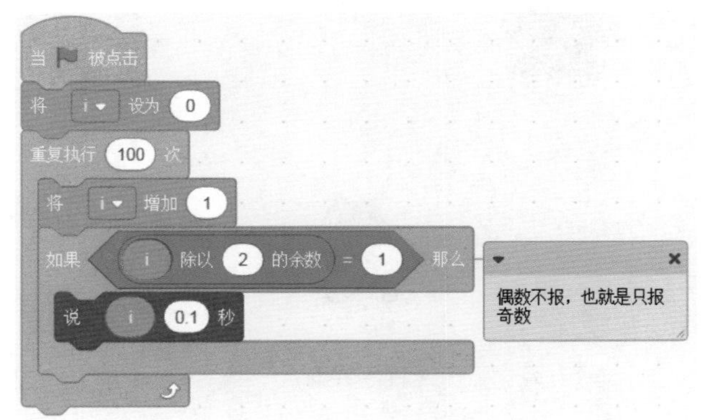

类似的案例：

（1）小猫报数。点击绿旗，小猫从 100 开始报数，每个数报 0.1 秒，报到 1 止，3 的倍数不报。

（2）小猫报数。点击绿旗，小猫从 12 开始报数，每个数报 0.1 秒，报到 1256 止，只报既是 3 的倍数又是 7 的倍数的数。

（3）小猫报数。点击绿旗，小猫从 5216 开始报数，每个数报 0.1 秒，报到 2451 止，只报 5 的倍数或是 7 的倍数的数。

水仙花数

单击绿旗，小猫从小到大报出所有的水仙花数。

水仙花数：也被称为超完全数字不变数、自恋数、自幂数、阿姆斯壮数或阿姆斯特朗数，水仙花数是指一个 3 位数，它的每个位上的数字的 3 次幂之和等于它本身（如 1^3 + 5^3+ 3^3 = 153）。

水仙花数只是自幂数的一种，严格来说 3 位数的 3 次幂数才称为水仙花数。

一位自幂数：独身数；两位自幂数：没有；三位自幂数：水仙花数；四位自幂数：四叶玫瑰数；五位自幂数：五角星数；六位自幂数：六合数；七位自幂数：北斗七星数；八位自幂数：八仙数；九位自幂数：九九重阳数；十位自幂数：十全十美数。

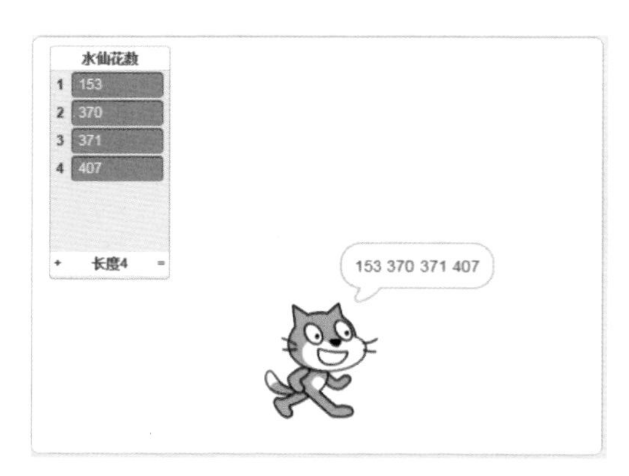

程序界面

水仙花是一个三位数，所以要从 100 ~ 999 中一个一个的去找，吻合条件的就加入列表，先用循环将所有可能的数据罗列出来。

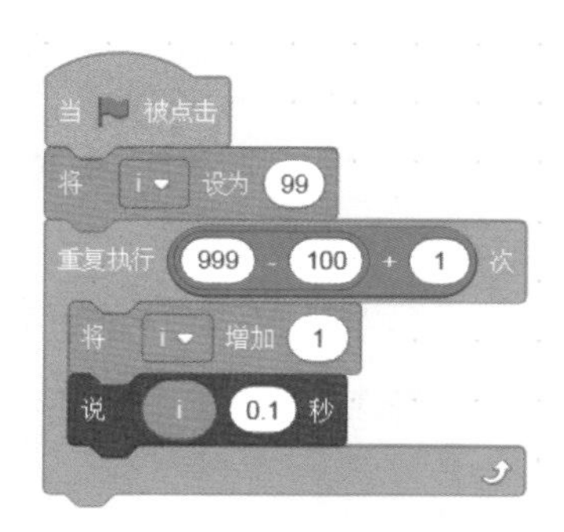

每一个 i 我们都需要去验证，是不是水仙花数，所以我们自创一个积木，功能就是验证一个数是否是水仙花数，为此我们还需要建立三个变量 a,b,c，分别获得并存储数据 i 的百位、十位、个位。

有两种方法来分离数字。

这个是第一种方法，简单明了，也是 Scratch 编程独有的方法。

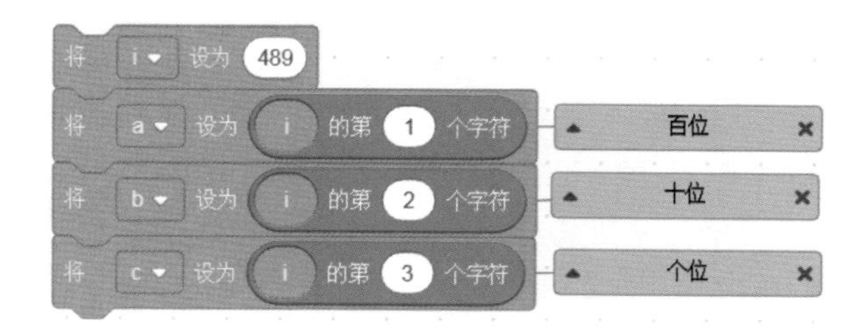

接下来讨论第二种通用的方法来分离数字。

（1）我们发现，任意一个整数除以 10 得到的余数一定是该整数的个位，这样我们就获得了个位。

（2）任意一个整数整除 10，得到的结果会丢掉个位，那么怎么在 Scratch 中实现整除呢？整除就是要丢掉小数部分，而小数部分是由余数产生的，所以可以这样编程。

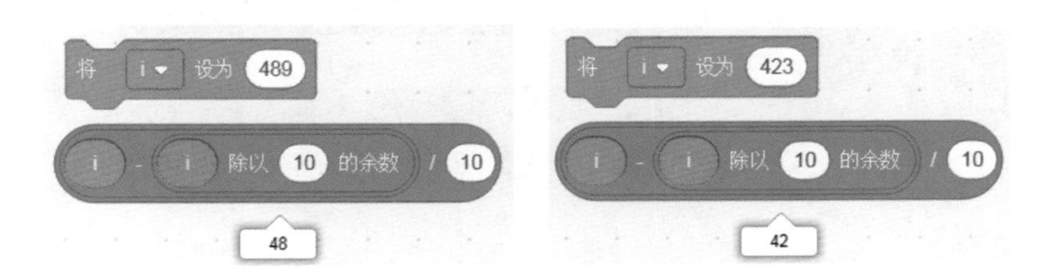

这样就丢掉了个位，那么十位就变成了个位，对这个新数再采用以上第（1）步，就可以获得十位上的数，依此类推。

第二种方法整体代码如下：

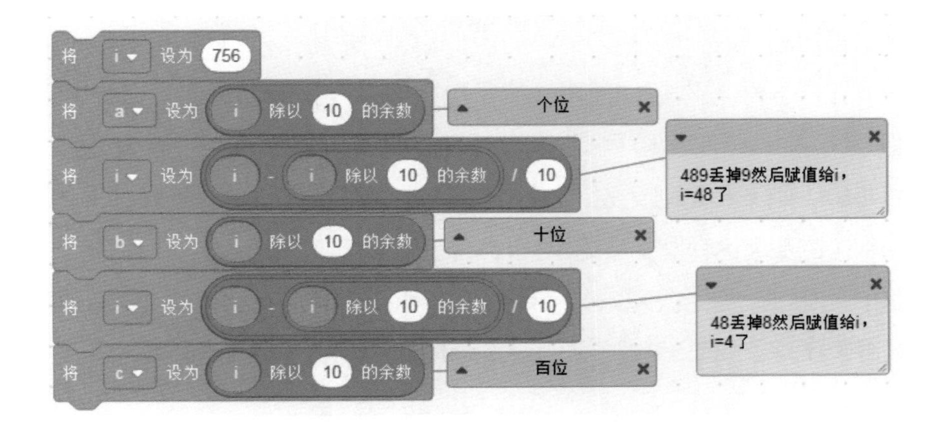

自创一个积木来验证一个数是否是水仙花数，若是，就存入列表“水仙花数”，最后小猫把所有的水仙花数说出来！

完整代码如下：

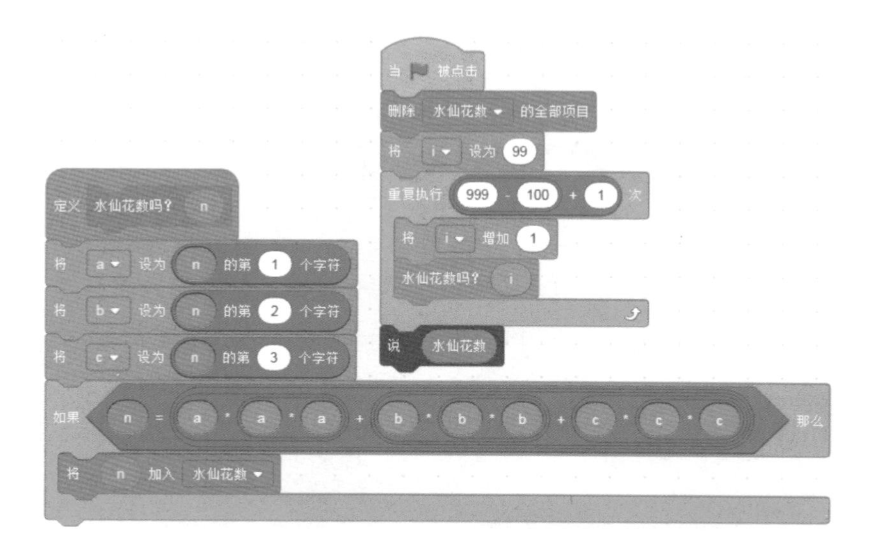

案例3 回文数

输入一个任意整数，若是回文数就说“1”，否则说“0”。

“回文”是指正读反读都能读通的句子，它是古今中外都有的一种修辞方式和文字游戏，如“我为人人，人人为我”等。在数学中也有这样一类数字有这样的特征，称为回文数。

设 n 是一任意自然数，若将 n 的各位数字反向排列所得自然数 n1 与 n 相等，则称 n 为一回文数。例如，若 n=1234321，则称 n 为一回文数；但若 n=1234567，则 n 不是回文数。

偶数个的数字也有回文数如 124421，小数没有回文数。

这个案例同样需要分离数据，分离出来按照要求组成一个新数，但是我们事先并不知道该数有多少位？我们发现：在 Scratch 中有两个关于字符的积木。

我们需要利用这两个积木。

创建变量“原数”保存输入的整数；变量“位置”表示该整数的位数的序号，最后一位 = 该整数的字符数，第一位 =1；变量“新数”表示反转该整数后的数，初始化 =0。

以下表格假设原数 =458，第一步将 8 加入到新数，那么新数 =8 了，第二步要将 5 加在 8 后面，8 要前移一位，所以需要 8×10+5=85，第三步需要将 4 加在 85 的后面，85 要前移一位，所以需要 85×10+4=854。

原数		458	
新数		0	初始化
新数	第一步	0×10+8=8	新数×10+原数个位
新数	第二步	8×10+5=85	新数×10+原数十位
新数	第三步	85×10+4=854	新数×10+原数百位。反转完毕

代码如下：

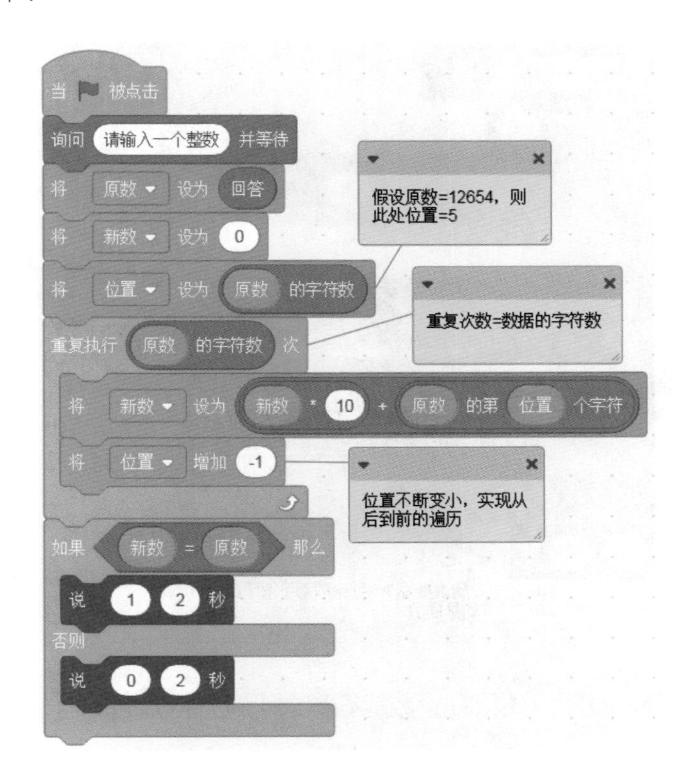

思考：你能编程找出 1 ~ 200 之间的所有回文数吗？并说出它们的和。

案例4 质数

输入一个任意整数，若是质数就说“1”，否则说“0”。

质数（又称为素数）：就是在所有比 1 大的整数中，除了 1 和它本身以外，不再有别的约数，这种整数叫作质数或素数。还可以说成质数只有 1 和它本身两个约数，质数有无限个。

如 3,5,7,11,13,17 等是质数，9,12,14,15 等不是质数。

我们可以采用的方法是，将这个数除 2 到这个数本身减 1，如果这其中除某个数，余数为零，那么这个数就可以判定为非质数（合数），否则就为质数。

编程如下：

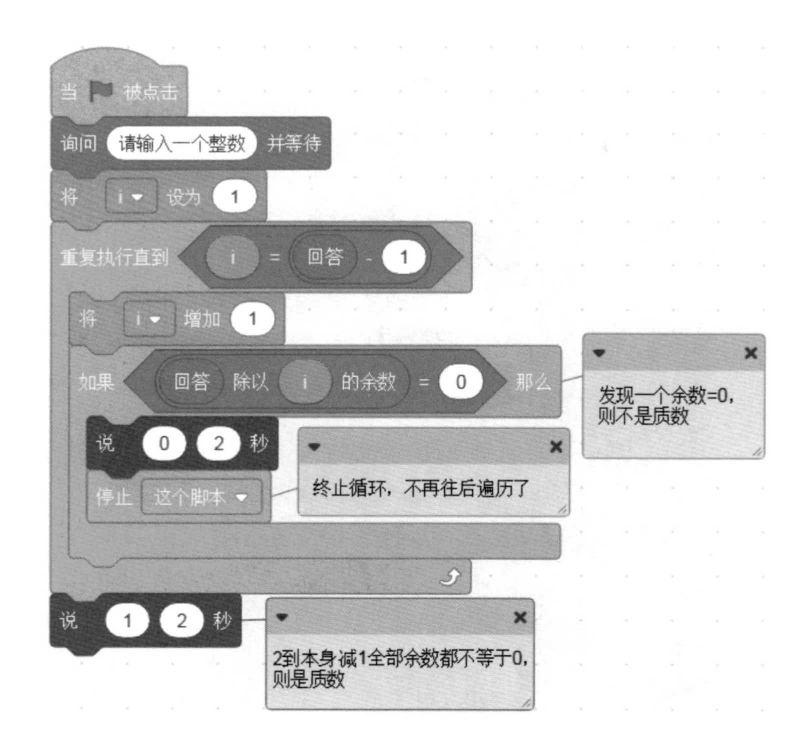

根据数学方法推断，如果一个数的约数大于其开平方后的值，则必然会存在一个约数小于其开平方后的值，所以判断一个数是否为质数只需要观察在“2”到“其开平方数”中间是否含有约数即可，这样程序的效率会大大提高。

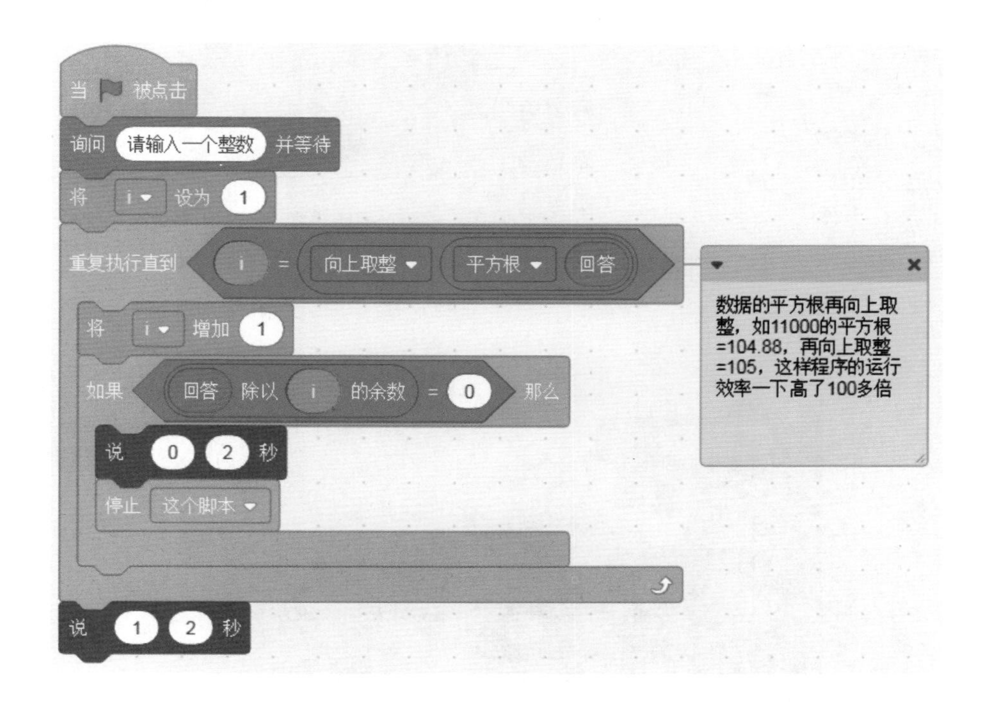

案例5 完全数

完全数是一些特殊的自然数，它所有的真因子（即除了本身以外的约数）的和，恰好等于它本身。例如，第一个完全数是 6，它有约数 1、2、3、6，除去它本身 6 外，其余 3 个数相加，1+2+3=6. 又如 8 的真因子是 1，2，4，而 1+2+4=7，所以 8 不是完全数。

输入一个数 k，请编程说出小于等于该数的所有完全数。

第一步：要知道怎么求真因子。

第二步：要去证明一个数是否是完全数。

第三步：要从 1 开始到 k 遍历，一个一个去验证 1 到 k 之间所有的数据是否是完全数，若是就输出该数。

编程：建立变量 n，用循环求出其所有真因子 m，并对真因子的值进行累加累加值为 sum，若 sum=n，则该数是完全数，由于要循环所以还要建立一个遍历变量 i。

建立一个变量

i

m

n

sum

建立对应变量：

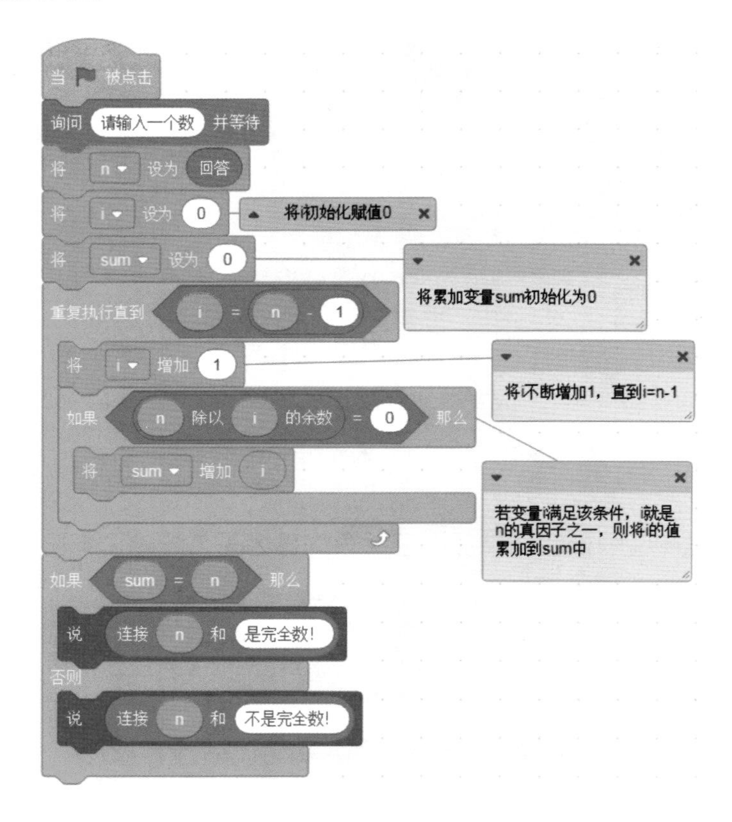

以上代码实现了分析中的“第一步”和“第二步”。

第三步中要从 1 开始到 k 遍历，一个一个去验证 1 到 k 之间所有的数据是否是完全数，若是就输出该数。这里我们发现，需要验证 k 个数据是否是完全数，非常适合使用“自制积木”，以便程序结构更清晰。

自制积木

单击 制作新的积木 创建一个带参数的如下新的积木：

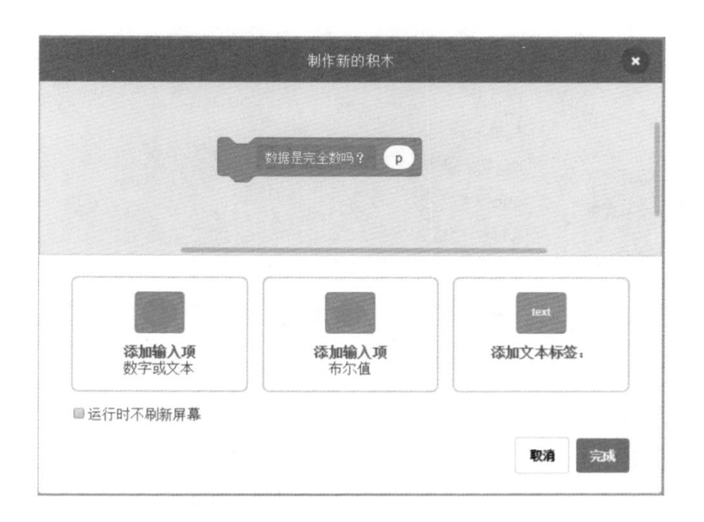

建立一个列表

完全数

建立一个列表来保存完全数。

对该新的积木编程如下：

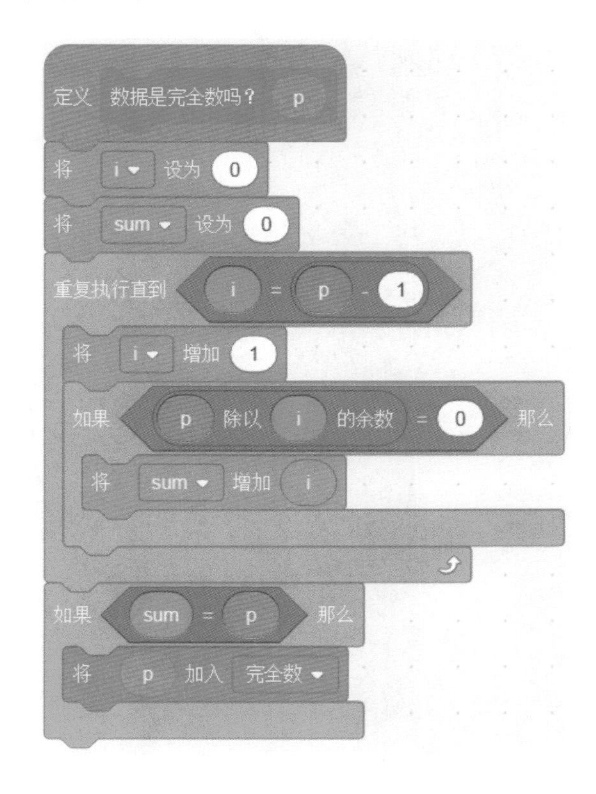

再建立二个变量 k 和 j，j 用来遍历 1 到 k 之间所有的自然数，编程如下：

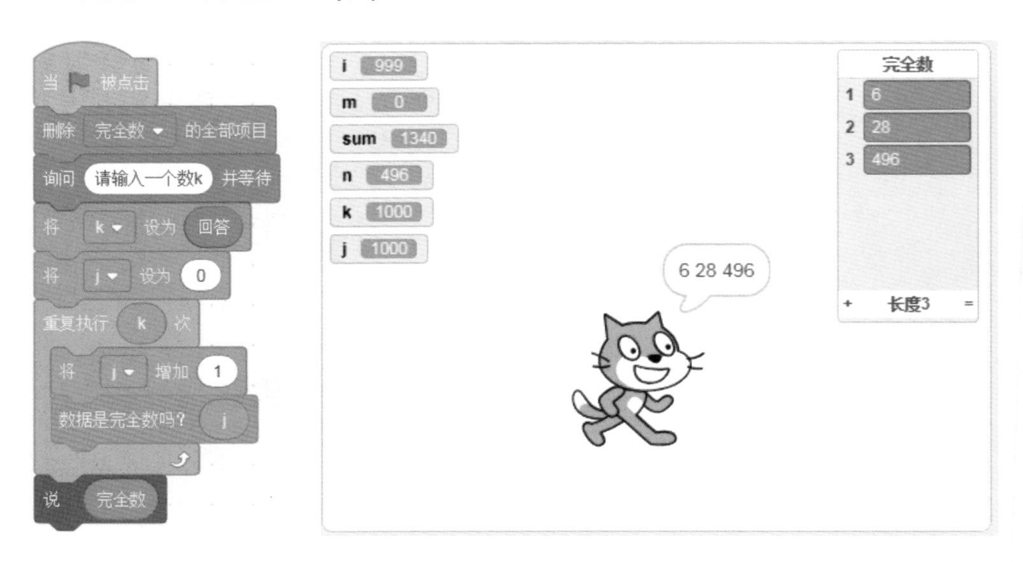

界面所示找出了所有小于 1000 的完全数。

第9章 精彩纷呈

案例1 烟花灿烂

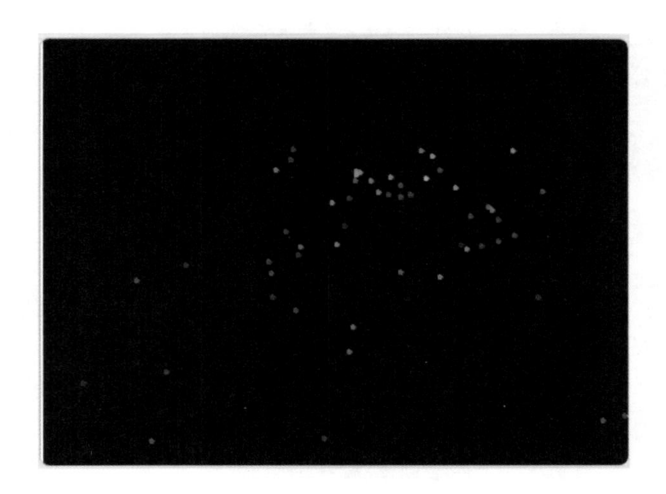

案例描述：烟花从舞台底部发射，到空中绽放，然后飘落到舞台底部消失。

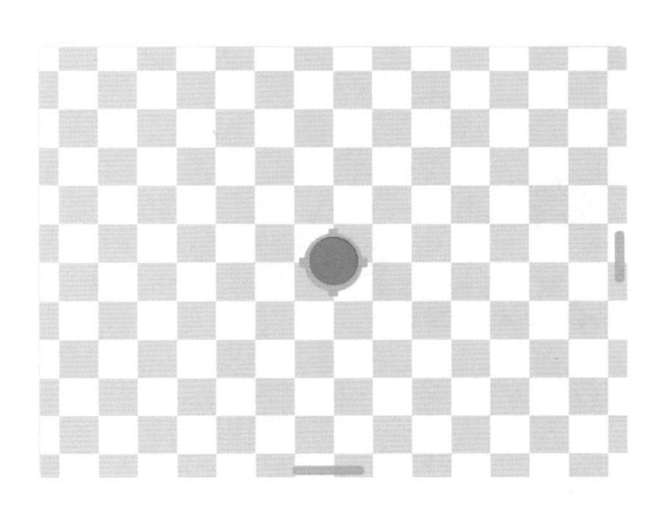

首先需要创建一个黑色背景和一个红色烟花角色，红色烟花角色如左图所示，注意红色烟花需要创建在中心点上。

```
当 ⚑ 被点击
隐藏
将大小设为 (200)
重复执行
    等待 (在 (0.5) 和 (2) 之间取随机数) 秒
    清除图形特效
    显示
    将 [x ▾] 设为 (在 (-200) 和 (200) 之间取随机数)
    移到 x: (x) y: (-170)
    在 (1) 秒内滑行到 x: (x) y: (在 (0) 和 (170) 之间取随机数)
    隐藏
↺
```

先创建一个变量x，用来设定烟花在底部时的x坐标。烟花首先显示在舞台底部，左右位置在–200 ~ 200之间，然后一秒内垂直移动到y坐标为0 ~ 170之间的位置后消失。

```
当 ⚑ 被点击
隐藏
将大小设为 (200)
重复执行
    等待 (在 (0.5) 和 (2) 之间取随机数) 秒
    清除图形特效
    显示
    将 [x ▾] 设为 (在 (-200) 和 (200) 之间取随机数)
    移到 x: (x) y: (-170)
    在 (1) 秒内滑行到 x: (x) y: (在 (0) 和 (170) 之间取随机数)
    隐藏
    重复执行 (在 (50) 和 (80) 之间取随机数) 次
        克隆 [自己 ▾]
    ↺
↺
```

烟花升到最高位置后需要绽放，所以此处需要克隆，克隆数量随机，为50 ~ 80之间的值。

克隆体以抛物线形式绽放和下落，在水平方向上：有可能向左（x 坐标变小），有可能向右（x 坐标变大），在垂直方向上，克隆体会继续往上降速运动，到一定高度后会加速下落，x 坐标和 y 坐标同时改变而构成一条抛物线的形式，直到碰到舞台边缘后消失。

这里每个克隆体的抛物线都可能是不一样的，所以需要设立两个私有变量“x 方向速度”和“y 方向速度”，设立私有变量，需要做如下选择：

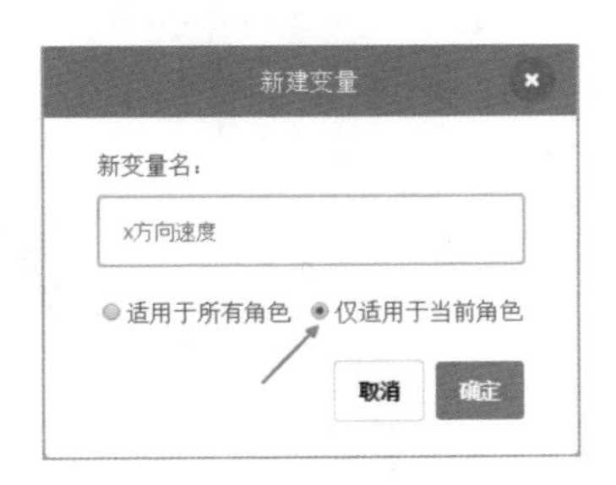

私有变量：该角色独有，只能该角色能修改该私有变量的值，但其他角色可以获得该私有变量的值。

克隆体代码如下：

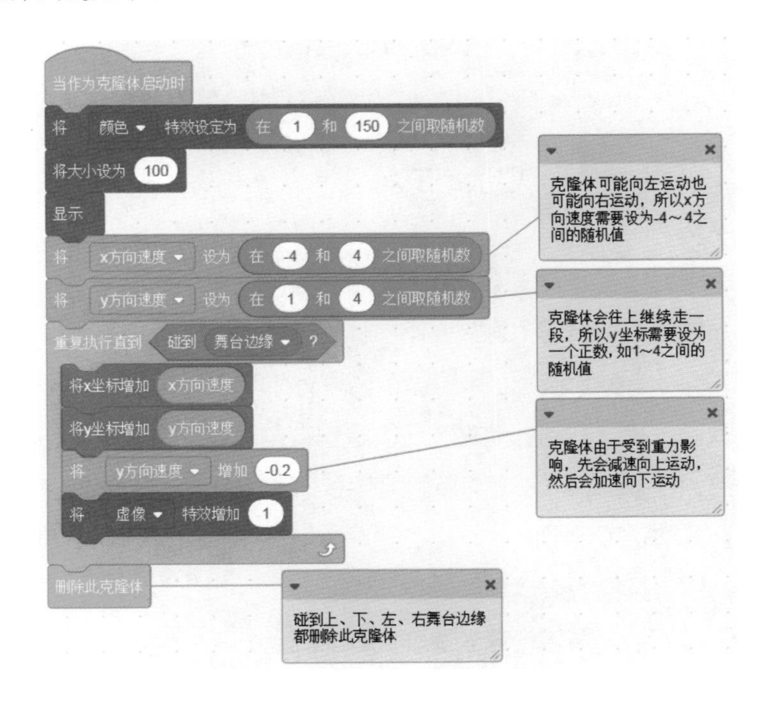

思考：你可以编程实现“下雨”的场景吗？

蚂蚁寻食

蚂蚁是利用分泌物的气味来传递信息进行交流的。一只蚂蚁如果发现了食物，它就会在回家的路上留下一路的气味，召集到其他的蚂蚁，然后所有蚂蚁就会沿着这条路线去找到食物，我们一起来编程实现这个效果吧！

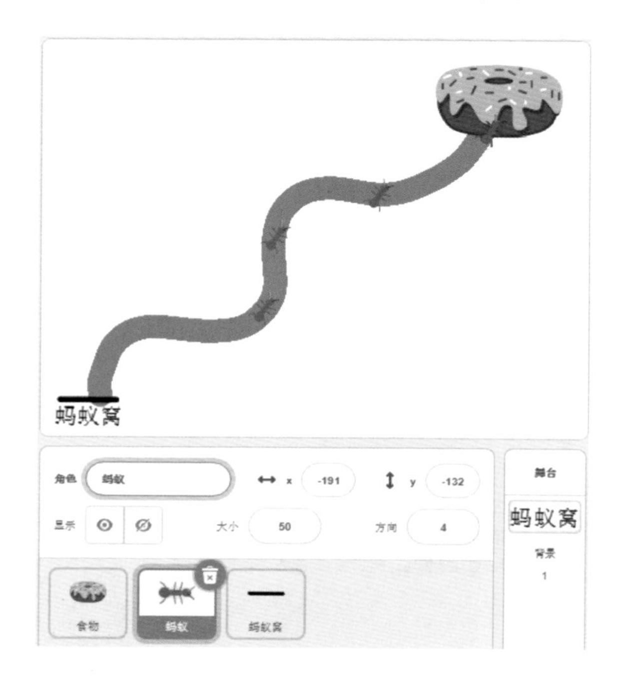

这个案例问题可以分解成如下几个小问题：

（1）蚂蚁怎么找到食物？蚂蚁面向鼠标移动，通过鼠标指挥蚂蚁找到食物。

（2）蚂蚁怎么留下气味？利用画笔留下蚂蚁的运动轨迹达到模拟气味的效果。

（3）蚂蚁怎么原路回到蚂蚁窝？在创建蚂蚁角色时，将蚂蚁左右两只触角画成不同的颜色，利用两个不同的颜色碰到白色（背景色）来不断调整前进的方向，保证蚂蚁走在运动轨迹范围内。

（4）怎么召集其他蚂蚁？利用消息和克隆。

（5）克隆体怎么“跟随气味”找到食物？同上第（3）点。

选择“食物”角色，创建“蚂蚁”角色和“蚂蚁窝”角色，创建一个背景。

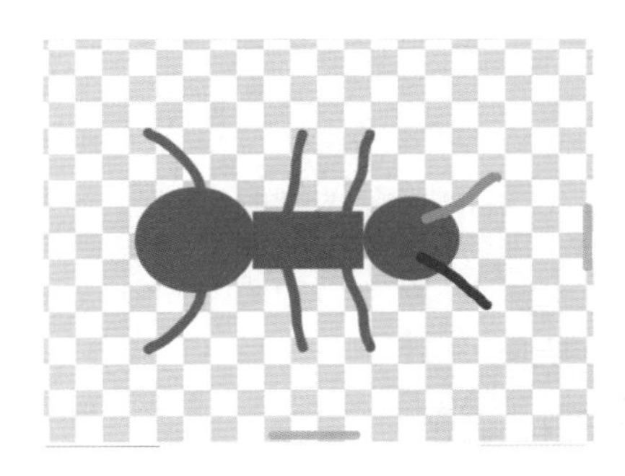

蚂蚁角色，有两个不同颜色的触角，来进行颜色侦测，调整前进的方向。

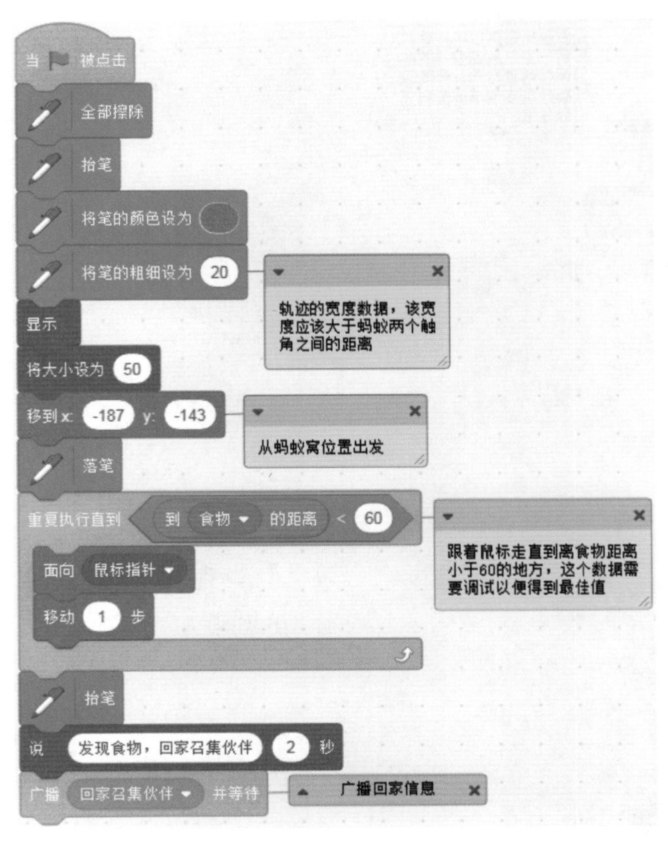

这段代码解决了第（1）个和第（2）个小问题——鼠标指挥蚂蚁找到食物并留下前进轨迹。

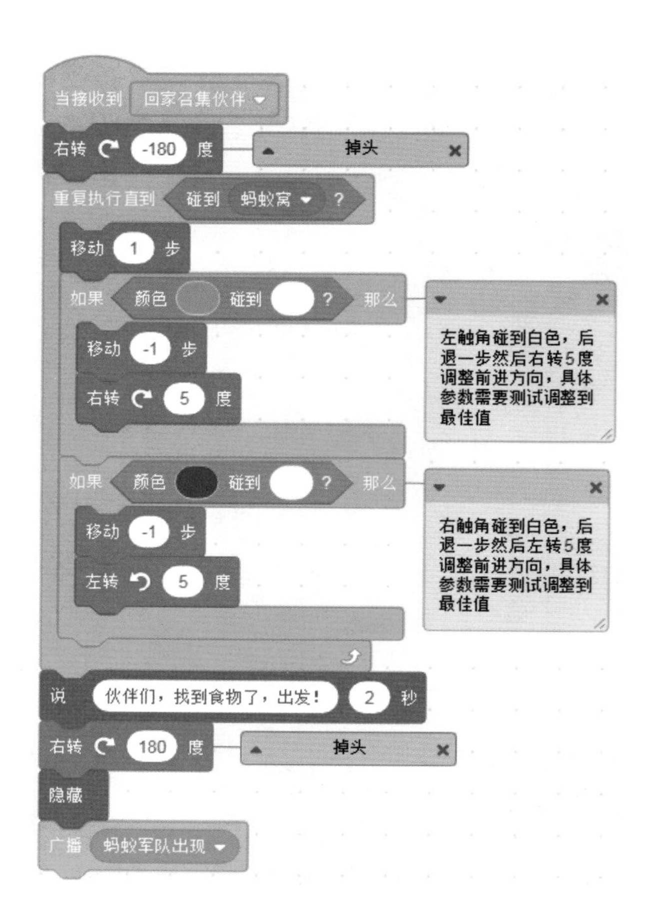

这段代码解决了第（3）个小问题——蚂蚁顺着前进路线回家。

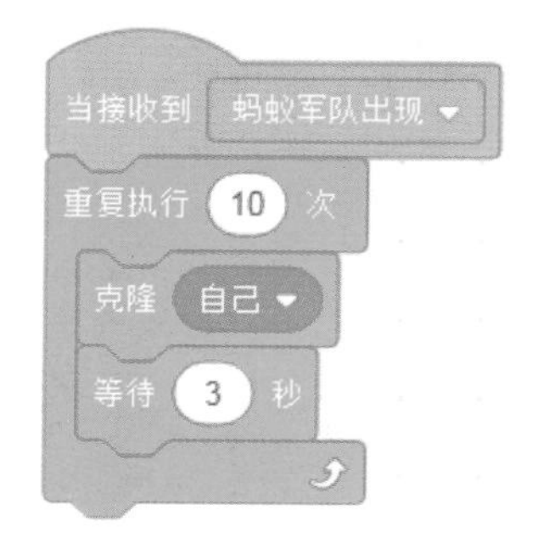

每3秒出现一只蚂蚁，合计10只蚂蚁。

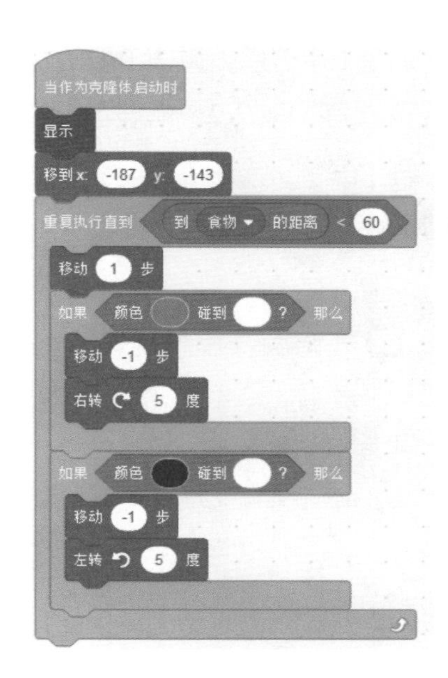

10 只克隆体蚂蚁顺着第 1 只蚂蚁开辟的路线前进，直到找到食物。

案例3 点阵字

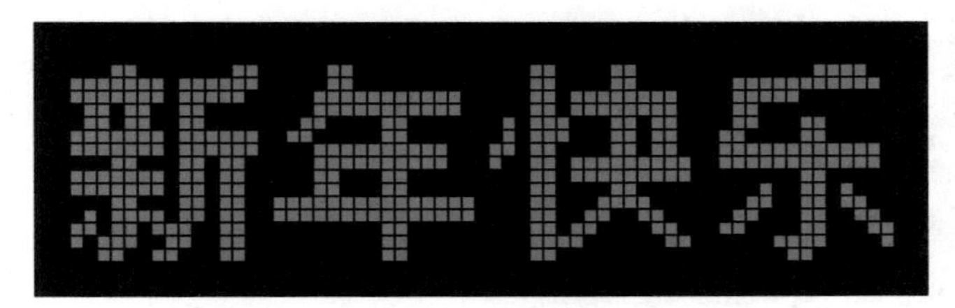

在日常生活中，我们随处可见各种点阵字或点阵效果，如 LED 屏幕上的字、巨型大楼夜晚灯光效果，非常漂亮和震撼。

观察以上图片，我们发现“新年快乐”四个字其实由很多个红色正方形在规定的位置显示所组成的整体效果。

在以上 15×61 的区域内，划分为了 915 个单位点，每一个点的状态只有两个可能，一种是有红色正方形，一种是没有。在不同的单位点显示红色正方形就会形成不同的字或图案，若间隔一定的时间，变化正方形位置、颜色、数量，就会形成视觉上的动态效果，这就是 LED 屏幕上的字、巨型大楼夜晚灯光的基本原理。

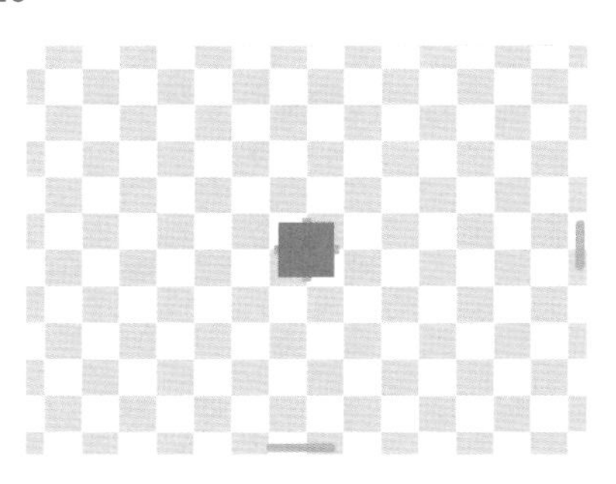

01 在中心点的位置绘制一个红色正方形，取名为“像素正方形”，大小要调整好。

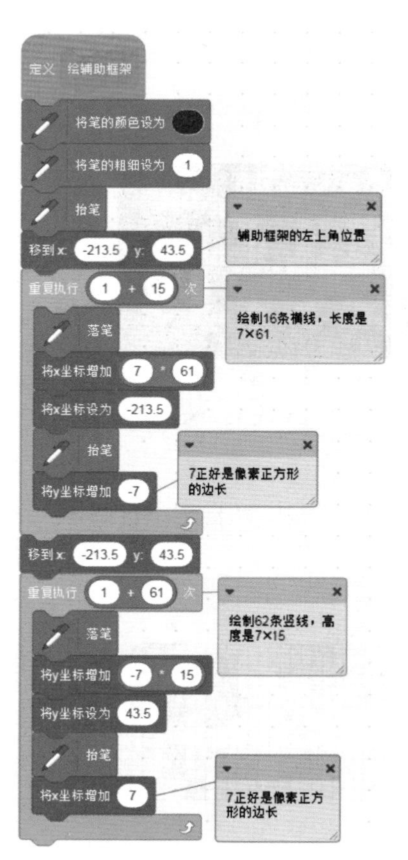

02 新建一个“绘辅助框架”的积木，以（–213.5,43.5）为左上角，绘制一个有 16 条横线、62 条竖线，间隔为 7 的框架。“新年快乐”四个点阵字就绘制在框架内。这是一个辅助框架，只是让我们编程思路更清晰。

现在我们需要考虑一个问题，我们怎么知道该在哪个位置显示像素正方形才能组成一个字呢？这个问题其实国家是已经有标准的，不同的字体有不同的点阵字库文件。也可以百度搜索“字库取模”，查找有关软件下载安装。

以下是“新年快乐”四个字的点阵字库文件。

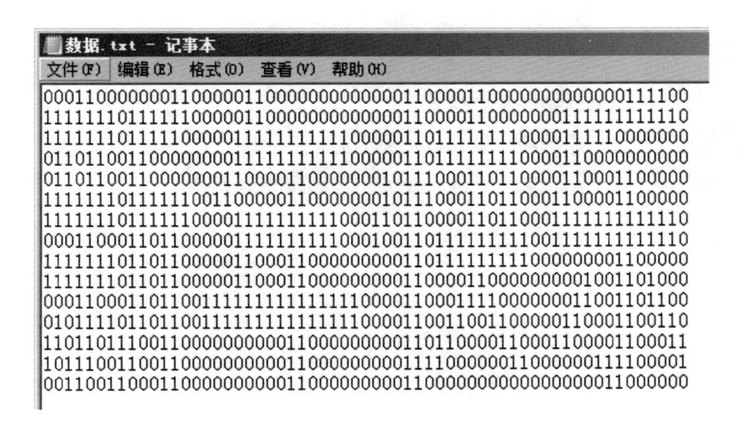

“1”表示该位置有“像素正方形”，“0”表示没有，我们只要利用两个循环来遍历该点阵即可。

03 创建一个“数据”列表，在舞台列表上单击右键，再点击“导入”，然后选择“数据 .txt”记事本文件，即可将以上内容导入列表。

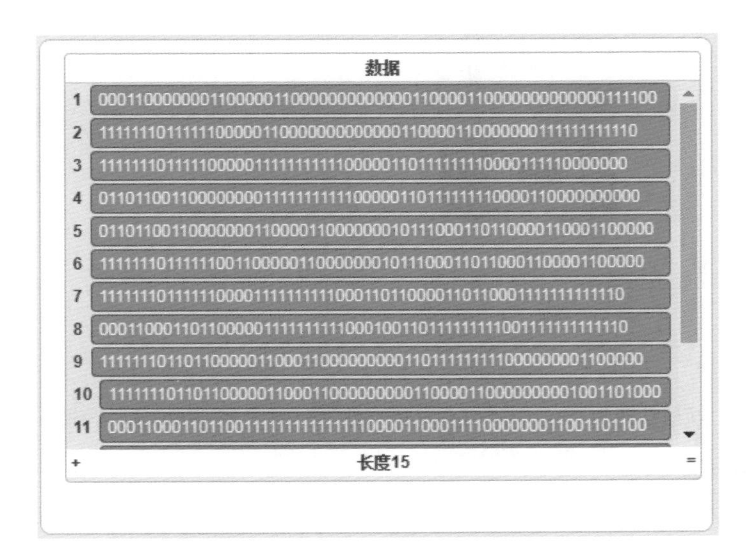

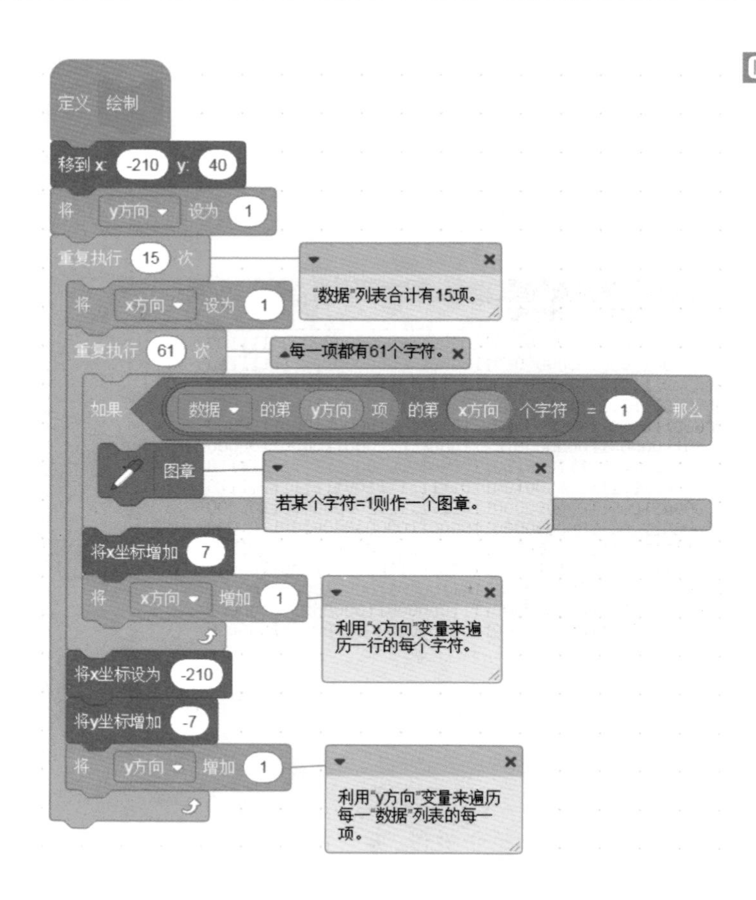

04 新建一个“绘制”积木，新建两个变量“x方向”“y方向”，利用这两个变量来对“数据”列表的每一个项的每一个字符来进行遍历、判断，是“1”就盖一个像素正方形的“图章”。

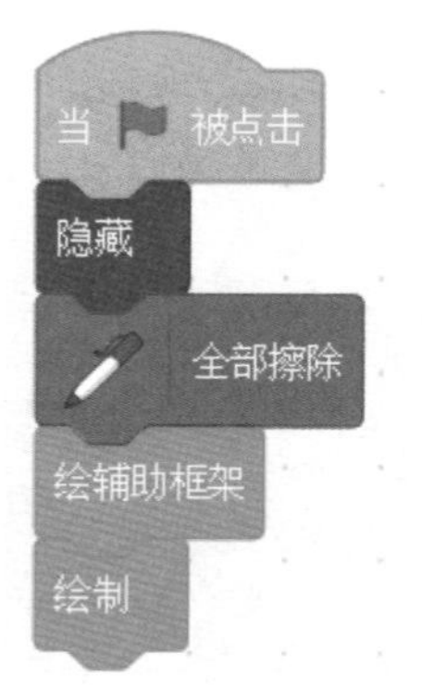

05 主程序。

思考：你可以通过哪些改变可以得到彩色的“新年快乐”，你还可以怎么改变，得到动态的效果？

案例4　斑马过沼泽

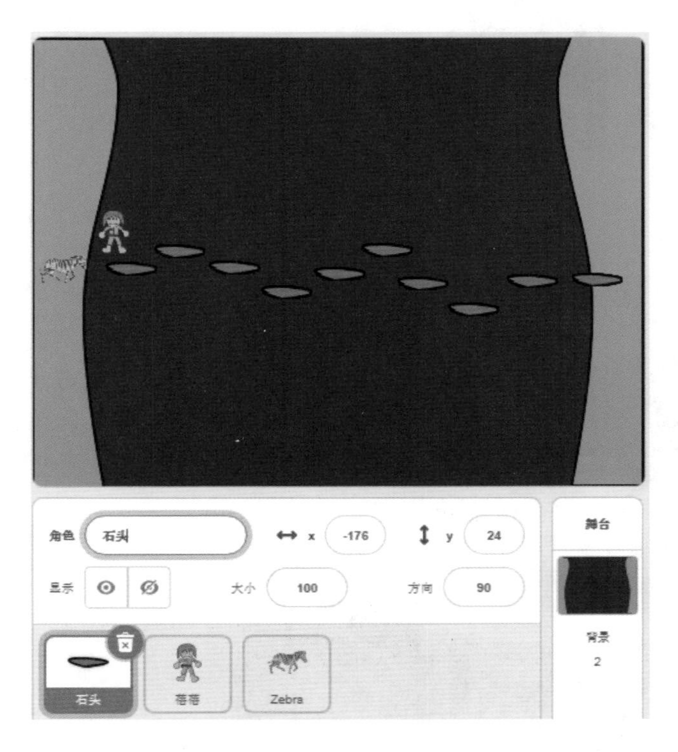

一只斑马在沼泽地一边，需要穿越沼泽地，蓓蓓有特异功能，能够在沼泽地布置很多石头，以便斑马踏着石头过沼泽地。

问题 1　怎么布置石头？让角色蓓蓓和石头跟着鼠标移动，每点击一下鼠标，就做一个石头的图章，并将石头当前位置存入列表。

问题 2　怎么让斑马顺着石头移动？遍历列表，获得各个石头位置，斑马逐一移动到该位置即可。

01 从软件自带角色中选择蓓蓓和斑马角色，自己创建一个石头角色和沼泽地背景。

02 蓓蓓一直跟着鼠标移动。

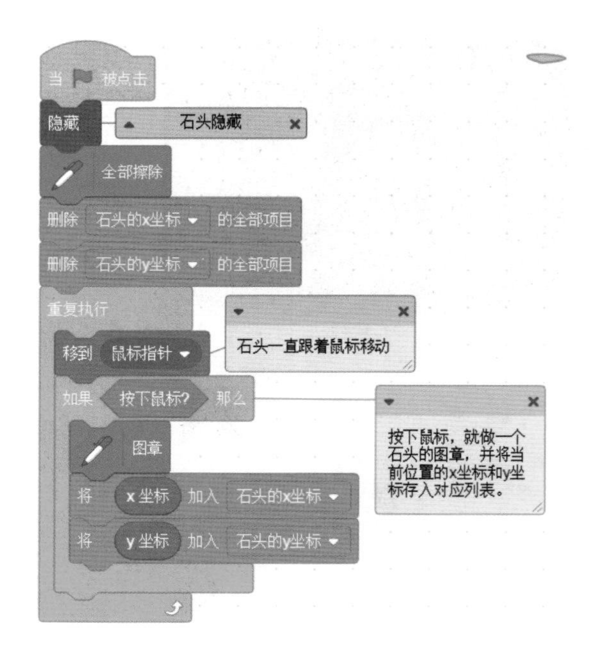

03 隐藏后的石头也是可以作图章的，每按下鼠标一次就生成一个石头的图章，并同时将该图章石头的坐标保存在对应列表，以便斑马可以顺着石头移动。

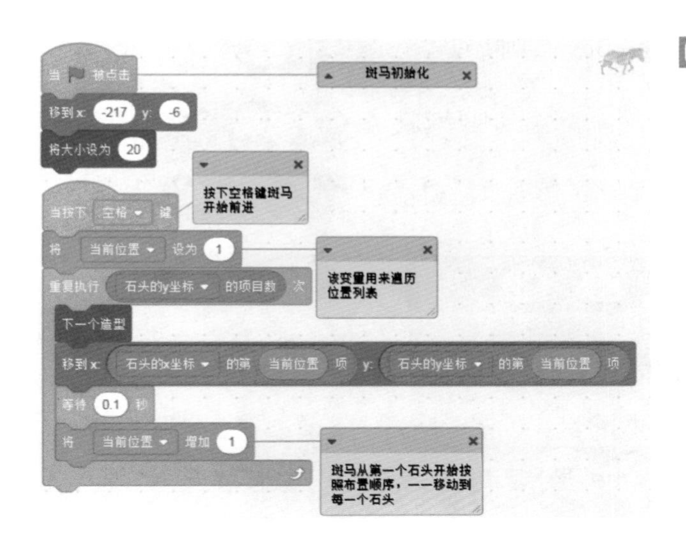

04 按下空格键，斑马从初始位置出发，按照列表位置顺序，逐步前进到每一个石头，直到最后一个石头。

逻辑推理——谁会开车

已知甲、乙、丙三个人中只有一个人会开汽车，甲说："我会开汽车"，乙说："我不会开汽车"，丙说："甲不会开汽车"。如果三个人中有一个人说的是真话，那么谁会开汽车？

计算机擅长数学运算和逻辑运算，甲、乙、丙是三个人的名字，计算机不方便去辨别，我们设：甲为 1，乙为 2，丙为 3，同时假设会开汽车的人是 k，k 一定在 1,2,3 中。

甲说：“我会开汽车”，翻译成逻辑判断式就是  。

乙说：“我不会开汽车”，翻译成逻辑判断式就是  。

丙说：“甲不会开汽车”，翻译成逻辑判断式就是  。

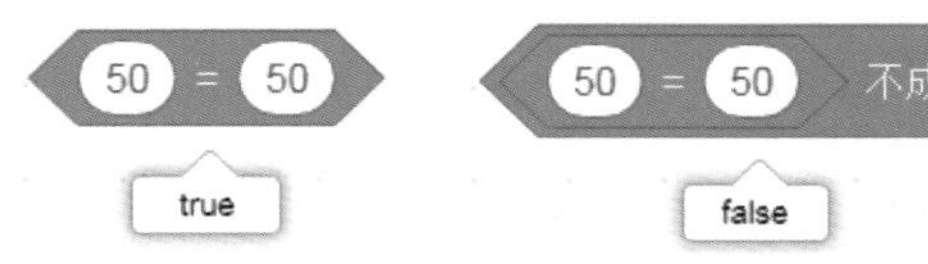

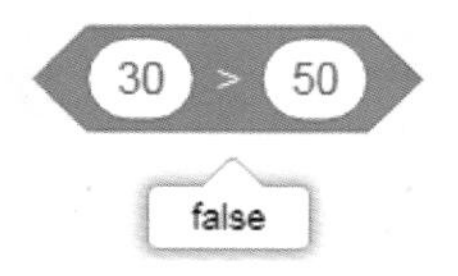

任意一个逻辑判断式只有两个结果，要么是真“true”，要么是假“false”，在计算机里面，false 等于 0，true 等于非 0，一般为 1。

“三个人中有一个人说的是真话”，也就是意味中三个逻辑判断式的值相加（0+0+1=1）应该等于 1，满足这样条件的 k 就是会开车的，如此我们只要将 k 从 1 开始到 3，一个一个去尝试是否满足以上条件即可。

程序如下：

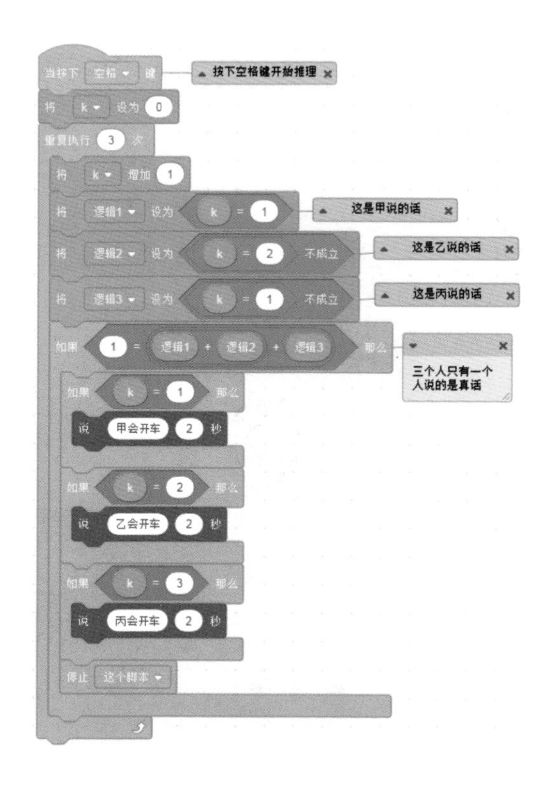

思考：

（1）某学校为表扬好人好事核实一件事，老师找了 A，B，C 三个学生，A 说："是 B 做的。" B 说："不是我做的。" C 说："不是我做的。" 这三个人中只有一个人说了实话，这件好事是谁做的？

（2）A,B,C,D 四个孩子踢球打碎了玻璃。A 说："是 C 或 D 打碎的。" B 说："是 D 打碎的。" C 说："我没有打碎玻璃。" D 说："不是我打碎的。" 四个人中只有一个人没有说真话，那么是谁打碎了玻璃？

案例6　证明 PI=3.1415926

圆是一个正 n 边形 (n 为无限大的正整数), 边长无限接近 0 但不等于 0。

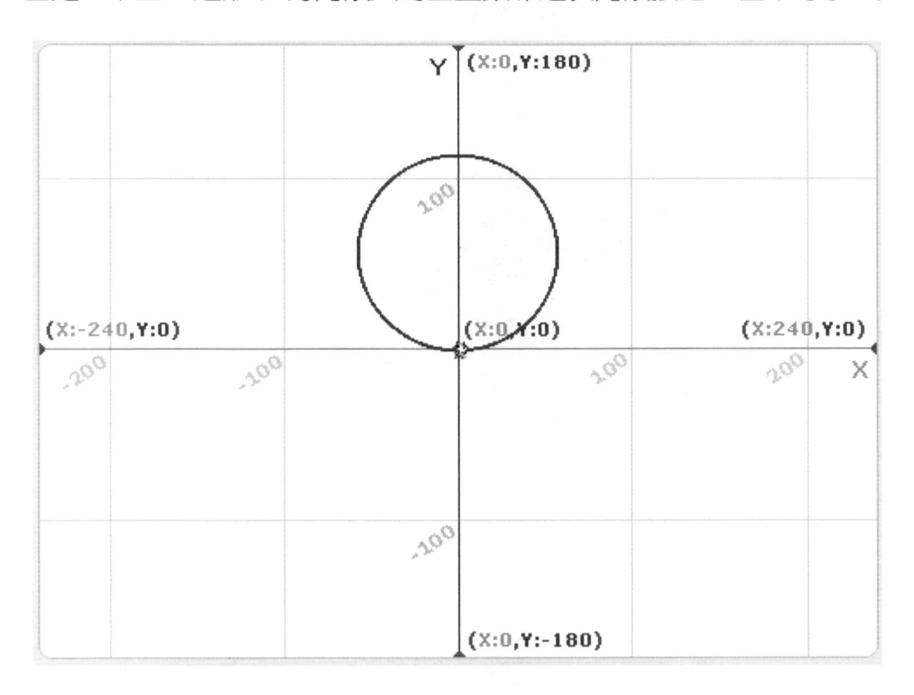

根据此概念，我们可以编程画出一个近似的圆，程序如下：

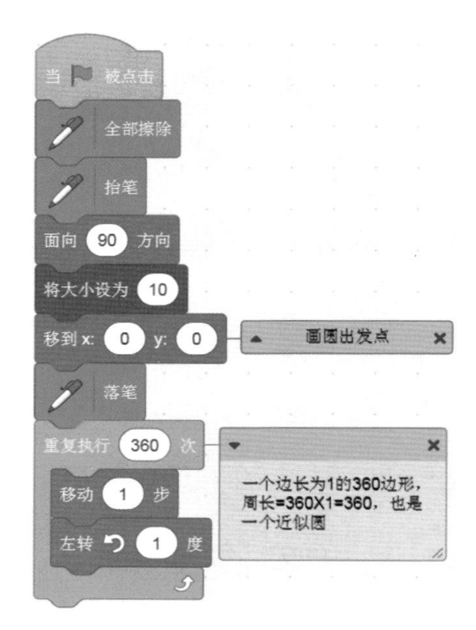

若能获得圆的直径，根据周长公式 L=2*PI*R 就可以求出 PI 的值为 L 除以直径，L 为正 n 边形的周长，显然为 n 乘以边长。

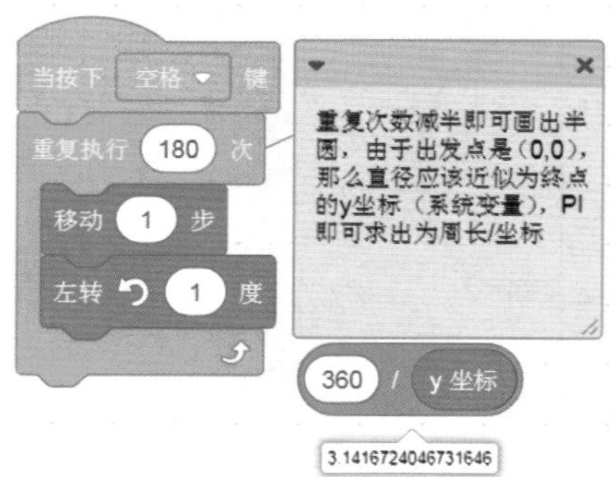

改变 n 的值，可以得到下表，发现 n 越大，PI 的值越精准。如下表所示。

n 的值	边长	PI 的值
360	1	3.1416724046731646
3600	0.1	3.1415934510765817
36000	0.001	3.1415926615647036

打字说话效果

在 Scratch 编程中，有一个 说 你好！ 2 秒 的指令，会把该指令参数内容一次性全部显示在舞台上，我们经常见到在各种游戏中，主人公是一个一个字增加说出来的，如上图所示，好像打字效果一样。

我们可以下面的编程来达到以上效果：

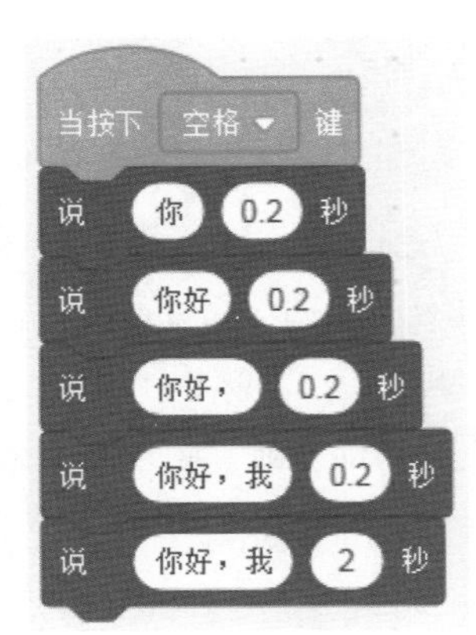

但这样是非常死板的且没有普遍性，若要说“你好，我是编程小天才，我参加比赛，我是第一名！”就要编的很长了。

我们发现有如下指令：

（1）“你”是“你好，我”的第一个字符，可以使用（你好，我 的第 1 个字符）。

（2）“你好”是“你”+“你好，我”的第二个字符，可以使用

。

（3）（说 0.2 秒）指令调用了 4 次，恰好是（你好，我 的字符数）。

为此，我们新建变量如下：

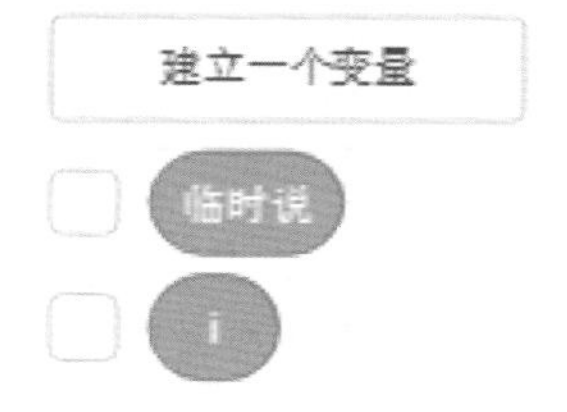

“临时说”变量代表如“你”“你好”“你好,”“你好，我”等。变量 i 用于循环，从 1 开始。

新建一个积木如下：

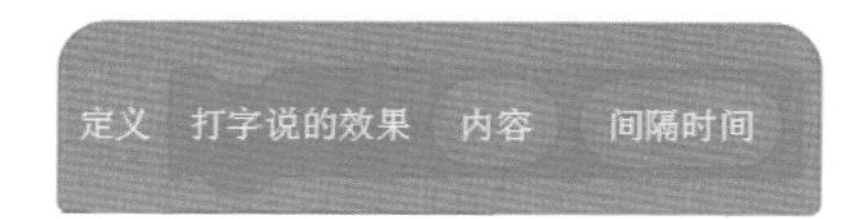

两个参数：内容参数是需要说话的完整内容，为文本。间隔时间参数是增加一个字的时间，为数据。

完整代码如下：

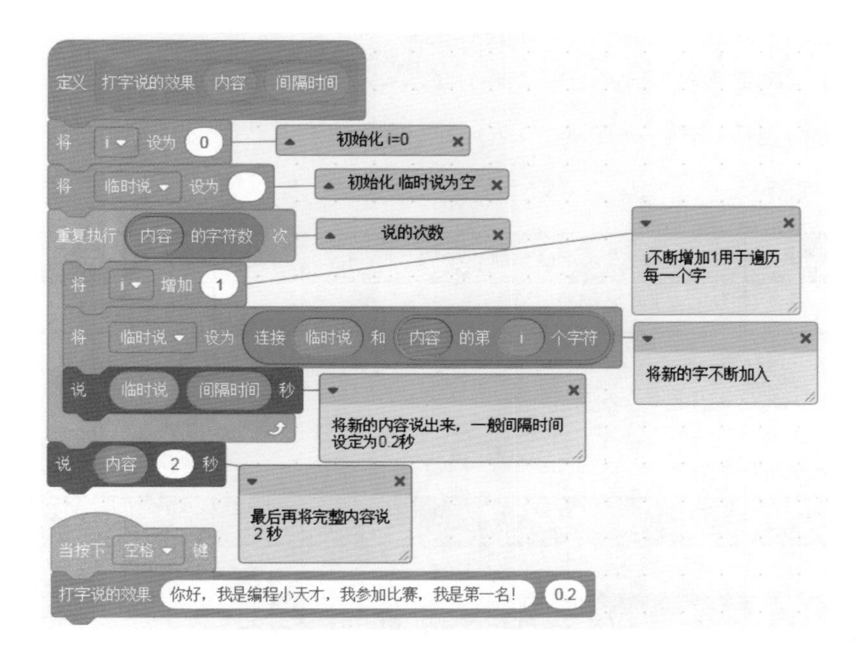

此案例可以灵活运用于各种作品中。

信息加密

在传递信息的过程中，为了加密，有时需要按一定规则将数据和文本转换成密文发送出去。有一种加密规则是这样的：

（1）只能输入数据和小写字母来加密。

（2）数据按照表格一加密。

表格一

原码	0	1	2	3	4	5	6	7	8	9
密码	3	4	5	6	7	8	9	0	1	2

（3）小写字母按照表格二加密。

表格二

原码	a	b	c	d	e	f	g	h	i	j
密码	*	?	&	$	#	!	@	j	k	l
原码	k	l	m	n	o	p	q	r	s	t
密码	m	n	o	p	q	r	s	t	u	v
原码	u	v	w	x	y	z				
密码	w	x	y	z	a	b				

现在，请你根据输入的一行字符，输出其对应的密码。

观察表格一，发现数据加密的规则是：密码 = 

。

对于表格二，先将小写字母原码逐一存入文件“原码数据 .txt”，再将对应密码逐一存入文件“密码数据 .txt”。

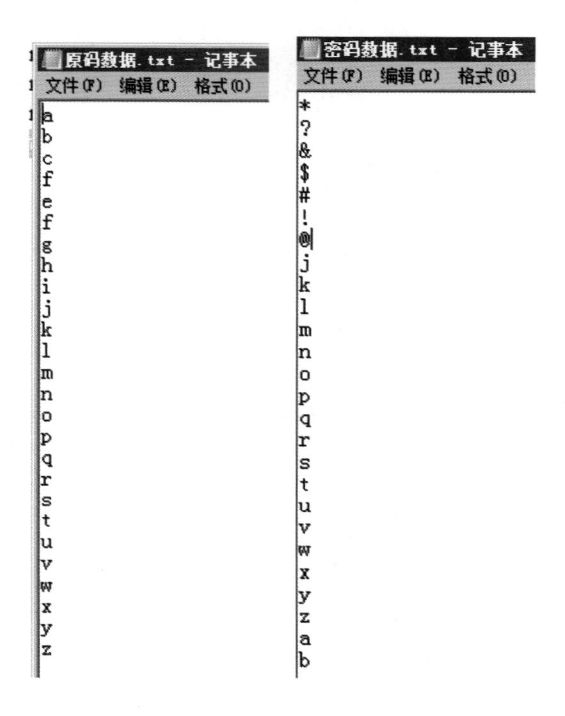

再建立两个列表，一个列表“导入”全部小写字母原码，一个列表“导入”全部对应密码，这样通过判断原码的值，就可以找到对应的密码了。

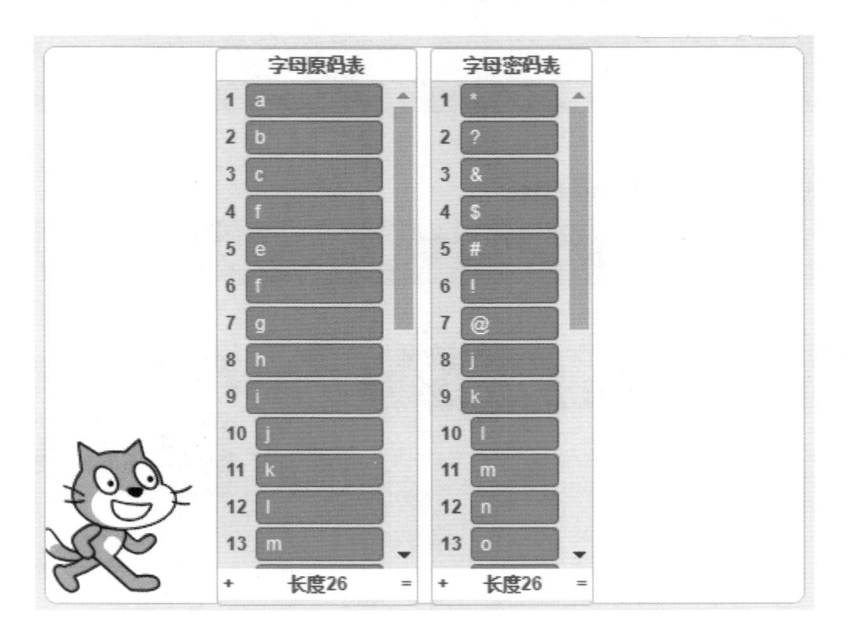

提高篇

编程如下：

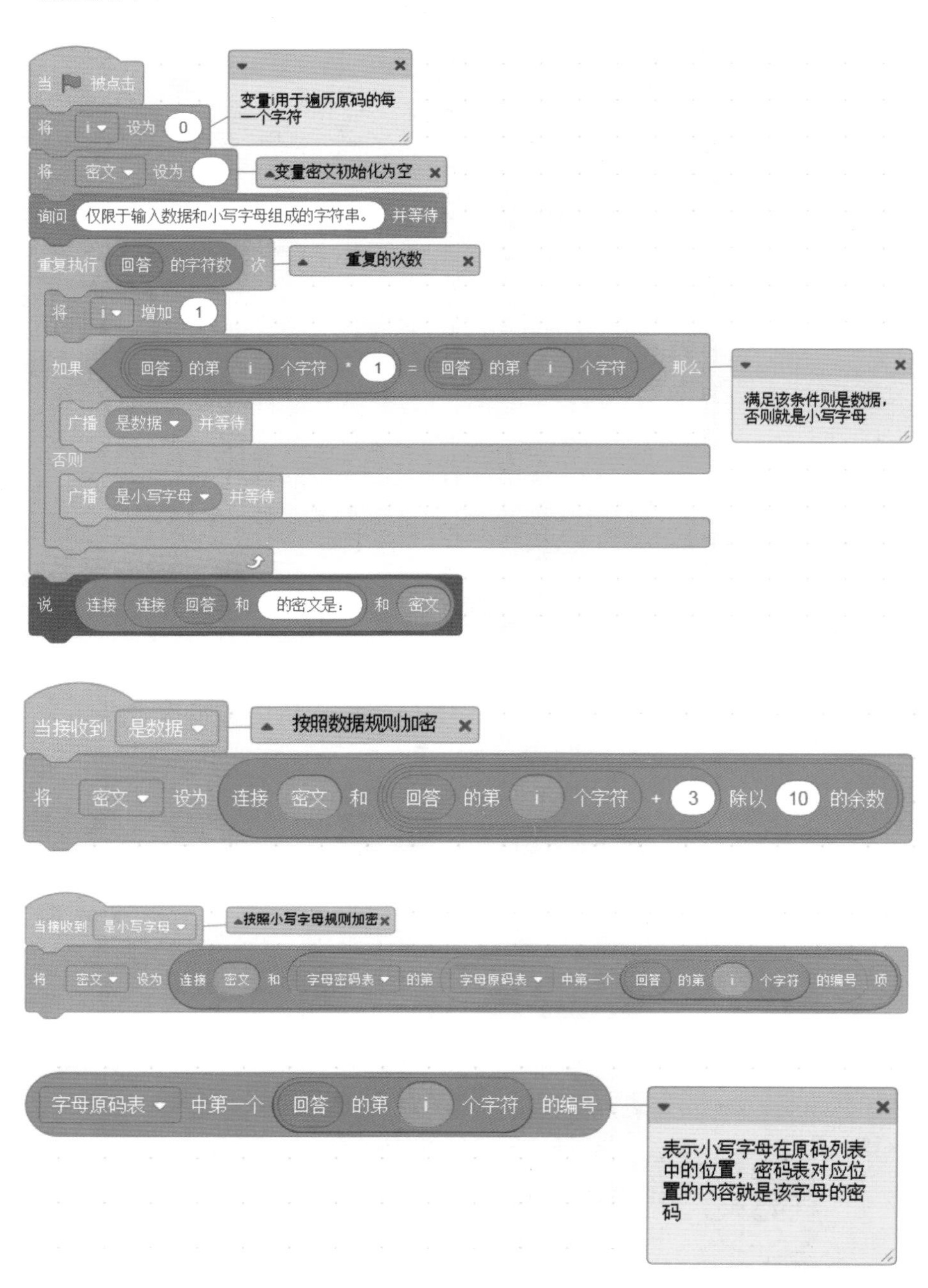
当 被点击
将 i 设为 0
变量i用于遍历原码的每一个字符
将 密文 设为
变量密文初始化为空
询问 仅限于输入数据和小写字母组成的字符串。 并等待
重复执行 回答 的字符数 次
重复的次数
将 i 增加 1
如果 回答 的第 i 个字符 * 1 = 回答 的第 i 个字符 那么
满足该条件则是数据，否则就是小写字母
广播 是数据 并等待
否则
广播 是小写字母 并等待
说 连接 连接 回答 和 的密文是： 和 密文
当接收到 是数据
按照数据规则加密
将 密文 设为 连接 密文 和 回答 的第 i 个字符 + 3 除以 10 的余数
当接收到 是小写字母
按照小写字母规则加密
将 密文 设为 连接 密文 和 字母密码表 的第 字母原码表 中第一个 回答 的第 i 个字符 的编号 项
字母原码表 中第一个 回答 的第 i 个字符 的编号
表示小写字母在原码列表中的位置，密码表对应位置的内容就是该字母的密码

惯性模拟

在现实生活中驾车，当不断踩油门时，速度会越来越快，由于受到地面摩擦力的缘故，当我们松开油门时，车辆速度会越来越慢，最终停止。

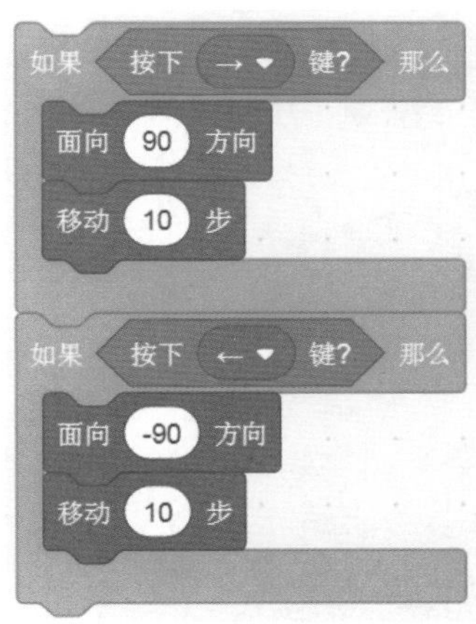

01 在一般的编程作品中，我们采用右图编程方式控制角色运动，但这实现的是匀速运动，不能实现以上案例要求的加速和减速运动。

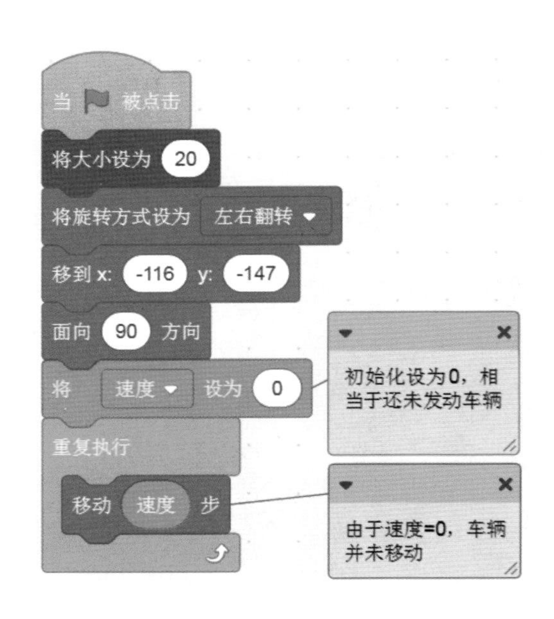

02 分析案例要求，发现速度是需要变化的，也就是 移动 10 步 指令的参数需要变化，所以我们需要创建一个“速度”变量，并将初始值设定为0。

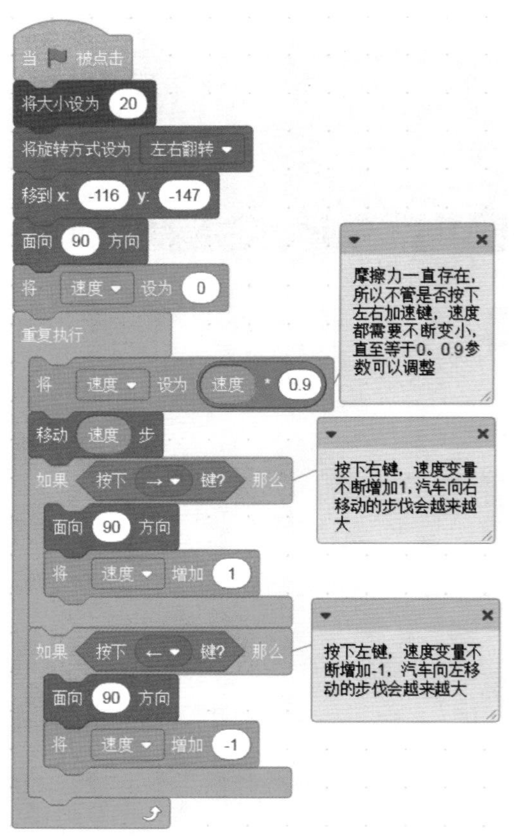

03 当按下左右加速键时，相当于不断加油，所以该“速度”变量的值需要增加，同时由于摩擦力的一直存在，该变量也需要一直不断减少直至等于0。

你可以将该原理运用到你的作品中，为你的作品添色。